W0262862

# Lehr- und Forschungstexte Psychologie

Lehr- und Forschungstexte
Psychologie 16

Herausgegeben von
D. Albert, K. Pawlik, K.-H. Stapf und W. Stroebe

# Gerhard Winneke

# Blei in der Umwelt
## Ökopsychologische und Psychotoxikologische Aspekte

Springer-Verlag Berlin Heidelberg GmbH

**Autor**

Gerhard Winneke
Medizinisches Institut für Umwelthygiene an der Universität Düsseldorf
Abteilung Psychophysiologie
Postfach 5634, Auf'm Hennekamp 50, 4000 Düsseldorf

ISBN 978-3-540-15860-8

CIP-Kurztitelaufnahme der Deutschen Bibliothek. Winneke, Gerhard: Blei in der Umwelt:
ökopsycholog. u. psychotoxikolog. Aspekte / Gerhard Winneke.
(Lehr- und Forschungstexte Psychologie; 16)
ISBN 978-3-540-15860-8     ISBN 978-3-662-06118-3 (eBook)
DOI 10.1007/978-3-662-06118-3
NE: GT

Das Werk ist urheberrechtlich geschützt. Die dadurch begründeten Rechte, insbesondere die
der Übersetzung, des Nachdrucks, der Entnahme von Abbildungen, der Funksendung, der
Wiedergabe auf photomechanischem oder ähnlichem Wege und der Speicherung in Daten-
verarbeitungsanlagen bleiben, auch bei nur auszugsweiser Verwertung, vorbehalten.
Die Vergütungsansprüche des § 54, Abs. 2 UrhG werden durch die ‚Verwertungsgesellschaft
Wort', München, wahrgenommen.

© by Springer-Verlag Berlin Heidelberg 1985
Ursprünglich erschienen bei Springer-Verlag Berlin Heidelberg New York Tokyo 1985

Die Wiedergabe von Gebrauchsnamen, Handelsnamen, Warenbezeichnungen usw. in diesem
Werk berechtigt auch ohne besondere Kennzeichnung nicht zu der Annahme, daß solche
Namen im Sinne der Warenzeichen- und Markenschutz-Gesetzgebung als frei zu betrachten
wären und daher von jedermann benutzt werden dürften.
2126/3140-543210

# 1. Einleitung

Die Entstehungsbedingungen psychischer Störungen im Sinne
normabweichender kognitiver und/oder emotionaler Prozesse
lassen sich u.a. als Folgen von Über- oder Unterstimula-
tion auffassen, wobei zwischen sogenannten "inneren" und
"äußeren" Reizen unterschieden werden muß (STEINGRÜBER,
1976).

Zu den inneren Reizen gehören beispielsweise spezifische
Stoffwechselstörungen, wobei als besonders markantes Bei-
spiel die Phenylketonurie (PKU) dienen kann, bei der ein
isolierter Enzymdefekt ohne rechtzeitige therapeutische
Intervention im Säuglingsalter zu schweren, bleibenden
Intelligenzdefekten führt.

Als äußere Reize können Umwelteinflüsse im weitesten Sinne
gelten, also sozio-kulturelle, familiäre, sowie physiko-
chemische Faktoren, deren Einwirken während prä-, peri-,
oder frühen postnatalen Entwicklungsstadien mit langanhalten-
den bis irreversiblen Störungen der geistig-seelischen Entwicklung verbunden sein können. Beispielhaft sei hier auf
das von SPITZ (1945, 1946) zuerst beschriebene Hospitalis-
mus-Syndrom bei maternal deprivierten Kleinkindern, sowie
auf die von BRONFENBRENNER (1968) klinisch, von ROSENZWEIG
und BENNET (1969) im Tiermodell verifizierte Retardierung
der mentalen Entwicklung bzw. der Hirnreifung durch Mangel
an sensorischer Stimulation in frühen Entwicklungsstadien
verwiesen.

Daß auch chemische Reize die somato-psychische Entwicklung
nachhaltig beeinträchtigen können, ist seit langem ge-
sichertes Wissen. Dies gilt z.B. für den Alkoholabusus der
Mutter in der Schwangerschaft, der oft mit charakteristischen
somatischen und geistig-seelischen Defekten der Nachkommen
assoziiert ist, die als "fötales Alkoholsyndrom (FAS)" in

der Literatur z.T. kontrovers diskutiert werden (MAJEWSKI, 1981). Kontrovers diskutiert wird auch die potentielle Gefährdung von Kindern durch allgegenwärtige "Umweltgifte", wobei den Schwermetallen sowohl wegen ihrer Toxizität als auch ihrer ökologischen und biologischen Persistenz wegen, ein hervorgehobenes Interesse zuteil wird. Hintergrund dieser z.T. dramatisierend artikulierten Besorgnis (KOCH und FAHRENHOLD, 1978) sind Vergiftungskatastrophen, bei denen wie im Falle der Organo-Quecksilbervergiftungen von Minamata (TSUBAKI and IRUKAJAMA, 1977) oder im Irak (AMIN-ZAKI et al.,1976) auch Kinder betroffen waren, zu einem erheblichen Teil solche, die sicher nur in utero exponiert gewesen waren. Schwere, persistierende neurologische Zeichen zentralnervöser Genese standen hier im Vordergrund des Krankheitsbildes (MARSH et al.,1980).

Ein anderes toxisches Schwermetall mit ebenfalls stark neurotoxischer Potenz ist das Blei, das durch seinen hohen Verbrauch zumindest quantitativ ein weit höheres Expositionsrisiko darstellt als andere Schwermetalle.

In der vorliegenden Arbeit wird anhand der Literatur sowie anhand von Ergebnissen eigener Untersuchungen der Frage nachgegangen, ob Blei als Umweltreiz als eine Entstehungsbedingung für geistig-seelische Entwicklungsstörungen angesehen werden kann, und welcher Stellenwert diesem Faktor im Rahmen anderer, nämlich vorwiegend sozialer und familiärer Randbedingungen, zukommt. Diese Frage wird seit einigen Jahren in der wissenschaftlichen Literatur und der engagierten Öffentlichkeit kontrovers diskutiert.

Durch Kombination tierexperimenteller und epidemiologischer Zugangswege wird versucht, die Vorteile rigoroser Bedingungskontrolle des Experimentes mit den Vorteilen der größeren Validität des epidemiologischen Ansatzes zu kombinieren. Jeder dieser Zugangswege allein wäre der Komplexität dieses Themas nicht gerecht geworden.

## 2.    Blei in der Umwelt

### 2.1  Chemische, geologische und historische Aspekte

Elementares Blei (Pb von Plumbum) ist ein weißgraues,
hellschimmerndes Metall, das wegen seiner leichten hütten-
technischen Gewinnbarkeit und seines niedrigen Schmelz-
punktes schon früh in der Menschheitsgeschichte eine Rolle
spielte (s.u.). Das Metall ist weich und formbar; es ist
korrosionsbeständig und ein schlechter elektrischer Leiter.
Diese Eigenschaftskombination hat schon früh zu seiner breiten Verwendung im Dachdecker- und Spenglergewerbe, sowie
bei der Herstellung von Behältern für korrosive Flüssig-
keiten beigetragen.

Blei ist mit einem Atomgewicht von 207.18 und der Kernla-
dungszahl 82 das schwerste Element der Gruppe IVb im perio-
dischen System der Elemente. Metallisches Blei ist praktisch
unlöslich in Wasser, während die anorganischen Bleiverbindungen (Salze) in dieser Hinsicht große Unterschiede zeigen.

Durch Verbindung eines Pb-Atoms mit Kohlenstoff (C) entstehen die organischen Bleiverbindungen, in erster Linie
Bleialkyle, die in ihren Eigenschaften und Wirkungen erheblich von den anorganischen Bleiverbindungen verschieden
sind, nämlich z.B. Bleitetraäthyl oder Bleitetramethyl,
die als Antiklopfmittel dem Benzin zugesetzt werden. Organische Bleibelastungen machen zwischen 3-10 % der atmosphärischen Bleibelastung in Großstädten aus (LAVESKOG,
1971).

Blei ist ein ubiquitärer Bestandteil der Erdkruste. Auch
im Falle abbauwürdiger Gehalte kommt Blei, anders als
andere Metalle, kaum in gediegener, sondern fast ausschließlich in verhüttungsbedürftiger Form vor. Eine seit dem
frühen Altertum bekannte Verhüttungsform ist die Gewinnung
von metallischem Blei durch einfaches Rösten von Bleiglanz.

Bleiperlen, die in Kleinasien gefunden und auf das Jahr
6500 v.Chr. datiert werden konnten, belegen, daß die
Bleiverhüttung in einfacher Form schon im 7. Jahrtausend
begonnen haben muß, und daß Blei somit vermutlich das
erste Metall gewesen ist, das der Mensch bewußt aus Erz
gewonnen hat (GALE und GALE-STOS, 1981).

Im Zuge der Industrialisierung hat sich die Bleibelastung
der Umwelt zu einem globalen Phänomen in dem Sinne entwickelt, daß mit Beginn des 19. Jahrhunderts, mit auffällig steigender Tendenz seit etwa Mitte des 20. Jahrhunderts, sich auch zivilisationsferne Gebiete der Erde als
zunehmend kontaminiert erweisen (Abb. 1).

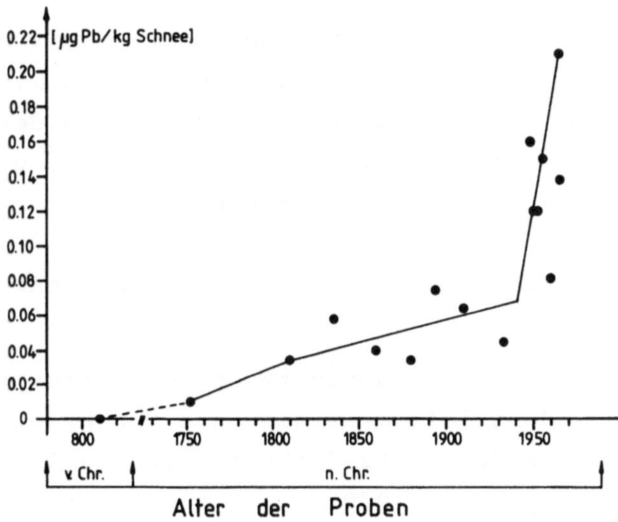


Abbildung 1: Blei-Konzentrationsprofil in Schneeschichten
des Grönlandeises (nach MUROZUMI et al.,1969)

Die Abbildung zeigt Bleikonzentrationen in verschiedenen,
altersmäßig definierten Schichten des Grönlandeises. Der
nach 1930 erkennbare, steile Konzentrationsanstieg wird

von den Autoren mit der rapide nach 1920 zunehmenden Verwendung von Bleialkylverbindungen als Antiklopfmittel im Benzin in Verbindung gebracht.

## 2.2  Industrielle Verwendung von Blei und Emissionsquellen

Blei und seine Verbindungen können auf allen Produktions- und Verarbeitungsschritten an die Umwelt abgegeben werden, also bei Gewinnung, Verhüttung, Verarbeitung, Verwendung und Abfallbeseitigung. Für die Emissionsseite liegen uns differenzierte Schätzdaten nur für das Gebiet der Vereinigten Staaten von Amerika vor. Danach entstammen fast 90 % aller Bleiemissionen dem Straßenverkehr. Unter den stationären Quellen dominiert die Altölverbrennung, gefolgt von der Gußeisenherstellung, der Bleialkylproduktion, der Eisen- und Stahlindustrie, der sekundären Bleigewinnung, der primären Kupfer- und Bleiverhüttung, sowie verschiedenen anderen Prozessen geringerer Bedeutung. Die Dominanz des Straßenverkehrs als Emissionsquelle dürfte in der Bundesrepublik Deutschland etwas weniger ausgeprägt, grundsätzlich aber von ähnlicher Größenordnung sein.

## 2.3  Bleikonzentrationen und Expositionsmöglichkeiten in der Umwelt

Mit einer auf 3.5 Mio. t geschätzten Weltjahresproduktion ist Blei das industriell meistgenutzte Schwermetall; die entsprechenden Produktionsziffern für Quecksilber und Cadmium werden auf jeweils 7000-10.000 t geschätzt (UBA 1979/80).

Blei findet sich in der Nahrung, im Trinkwasser, in der Luft, im Boden, im Staubniederschlag, sowie in vielen Materialien, mit denen der Mensch in Kontakt kommt. Zu nennen sind hier vor allem bleihaltige Farben, die vor allem in den USA zu einer oralen Bleiaufnahme erheblichen Ausmaßes bei Kindern führen können, sowie bleihaltige Koch-

und Eßgefäße, oder auch Wasserrohre, die heute als Belastungs-
quelle allerdings keine wesentliche Rolle mehr spielen. Die
komplexen Wechselbeziehungen zwischen verschiedenen Auf-
nahmequellen sind vereinfacht in Abbildung 2 dargestellt.

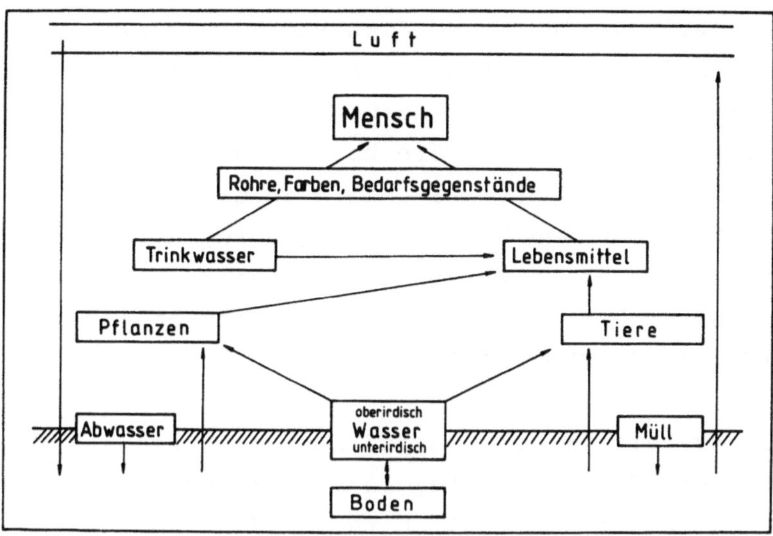


Abbildung 2: Quellen der Bleiaufnahme (nach AURAND, 1972)

Um den durch menschliche Aktivitäten verursachten Anteil
in den drei Hauptmedien Boden, Luft und Wasser abschätzen
zu können, wäre die Kenntnis der natürlichen Bleikonzentrationen erforderlich, die aber aufgrund der globalen
Kontamination nur annäherungsweise bestimmbar sind.

Als natürliche mittlere Bleigehalte im Boden der Bundesrepublik Deutschland gelten 10-40 mg Pb/kg Erde (MATTHEß, 1972),
wobei allerdings die wasserlöslichen Anteile wesentlich
geringer sind. Gehalte im Grundwasser liegen typischer-
weise bei 0.001-0.06 mg/l, können aber in Gebieten mit
Blei-Mineralvorkommen, z.B. Harz, Sauerland und Eifel auf
0.1-0,5 mg/l ansteigen (KEMPF, 1972).

Angaben über den Bleigehalt der Luft beziehen sich in der
Regel auf den Bleigehalt im Schwebstaub, also auf diejenigen Partikel, die aufgrund ihres aerodynamischen Durchmessers $<5$ µm als lungengängig und damit als atembar gelten. Die mittlere Größe der in der Luft schwebenden Bleipartikel abseits von Bleiemittenten oder Verkehrsstraßen,
liegt bei nur 0.25 µm (POTT und SCHLIPKÖTER, 1976). Als
"natürlicher" Luftbleigehalt durch Aufwirbelung von Oberflächenmaterial wurden 0.4-1.2 ng/m³ errechnet (EPA,1977).
Gemessen wurden in der Atmosphäre über Ozeanen 0.1-10 ng/
m³ (CHOW et al.,1969); Luftbleigehalte in Großstädten
liegen um Größenordnungen höher. Nach Meßprogrammen der
Europäischen Gemeinschaft wurden in europäischen Großstädten Monatsmittelwerte um 2 µg Pb/m³ gemessen (JOST
und SARTORIUS, 1978; BROCKHAUS et al.,1978).

Neben dem Bleigehalt im Schwebstaub sind diejenigen Bleipartikel von besonderer umwelthygienischer Bedeutung, die
je nach Korngröße unterschiedlich rasch, d.h. in unterschiedlicher Entfernung von der Quelle, sedimentieren und
dadurch die Erdoberfläche kontaminieren. Dieser nach der
Emission rasch aus der Atmosphäre entfernte Luftbleianteil
wird als Bleigehalt im Staubniederschlag in den Dimensionen
Masse/m²/Tag gemessen.

Die umwelthygienische Bedeutung des Bleiniederschlags ist
besonders in der oberflächlichen Verunreinigung von
Pflanzen und Böden zu sehen. Bleiablagerungen auf groß-
und rauhblättrigen Gemüsesorten, von denen je nach Blattbeschaffenheit nur ein Teil abwaschbar ist, sowie diejenigen auf Gräsern und Kräutern, die nach der Aufnahme durch
Weidetiere in die Nahrungskette des Menschen gelangen,
spielen für die orale Bleiaufnahme des Menschen eine Rolle.

Ebenfalls zu beachten, insbesondere im Hinblick auf eine
Gefährdung spielender Kinder, ist die oberflächliche Konta-

mination des Bodens durch sedimentierendes Blei, das durch
Aufwirbelung in trockenen Jahreszeiten inhalativ und/oder
durch Mundkontakt mit verschmutzten Händen ingestiv aufgenommen wird. Bestätigt wird diese Hypothese durch den
Befund, daß die bei Kindern in der Umgebung einer Bleihütte gemessenen Blutbleiwerte im Frühjahr um durchschnittlich 28.1 % oder 10.5 µg/dl niedriger waren als die im
vorangegangenen Herbst gemessenen Werte derselben Kinder
(AURAND und HOFFMEISTER, 1980). Als weiterer direkter Beleg ist der enge korrelative Zusammenhang zwischen der
von den Händen abwaschbaren Bleimenge und dem Blutbleispiegel von Kindern in der Nachbarschaft einer Bleihütte
zu werten (ROELS et al.,1980). Eine vor allem in den USA
bedeutsame orale Expositionsmöglichkeit von Kindern ist
die Kontamination des Straßenstaubes in Slumgebieten durch
Abblättern bleihaltiger Farben von Hauswänden (LIN-FU,
1972).

Die mengenmäßig bedeutsamste Bleiaufnahme der Normalbevöl-
kerung resultiert aus dem Bleigehalt der festen und flüssigen
Nahrung. Nach POTT und SCHLIPKÖTER (1976) ergibt sich für
einen durch Blei "normal" belasteten Erwachsenen eine tägliche Bleiaufnahme ins Blut von etwa 30 µg aus der Nahrung
und 10 µg aus der Luft bei einem Bleigehalt der Atemluft
von 2 µg/m$^3$. Auf die z.T. erheblich größeren Expositions-
möglichkeiten beruflich exponierter Personen kann in diesem
Zusammenhang nicht näher eingegangen werden.

## 3. Toxikologische Grunddaten

In diesem Kapitel werden einige wesentliche Aspekte zur Kinetik des Bleis im Körper behandelt, wobei auf die besonderen Verhältnisse des heranwachsenden Organismus speziell eingegangen wird.

### 3.1 Kinetik des Bleis

#### 3.1.1 Aufnahme

Das in der Umwelt ubiquitär vorhandene Blei gelangt entweder über die Lunge (pulmonal) oder über den Magen-Darm-Trakt (enteral) in das Blut. Dieser als Resorption bezeichnete, wirkungsbestimmende Vorgang ist von der Aufnahme zu unterscheiden, die auch denjenigen größeren Bleianteil umfaßt, der etwa im Falle des mit der Nahrung aufgenommenen Bleis, den Magen-Darm-Trakt durchläuft und mit dem Stuhl wieder ausgeschieden wird, ohne je in das Blut übergetreten zu sein.

Die chemische Bindungsform des Bleis ist über die Wasserlöslichkeit eine für den Grad der Resorption entscheidende Größe (s. 2.1). Während z.B. Bleiacetat und Bleinitrat gut wasserlöslich sind, sind die Bleihalogenide (Bromide, Chloride, Fluoride) in Wasser praktisch unlöslich.

#### 3.1.1.1 Inhalative Aufnahme

Die Menge des über die Atmung aus der Atmosphäre in das Blut gelangenden Bleis ist von Deposition und Resorption abhängig. Der größte Teil der eingeatmeten Bleipartikel verläßt die Lunge wieder bei der Ausatmung, der kleinere Teil jedoch wird in verschiedenen Tiefen des Bronchialbaumes deponiert. Der Grad der Deposition ist von der Atemfrequenz und Partikelgröße abhängig. Nach Inhalationsversuchen am Menschen (KEHOE, 1961, 1964; CHAMBERLAIN et al.,1975) ist von einer Depositionsrate von 30$\pm$10% auszu-

gehen; etwa 50% davon werden tatsächlich resorbiert (CHAM-
BERLAIN et al.,1975). POTT und SCHLIPKÖTER (1976) haben
unter Zugrundelegung eines atmosphärischen Bleigehaltes
von 2 µg/m³ und eines Atemvolumens von 15 m³/24h die täg-
lich über die Atemluft in das Blut aufgenommene Bleimenge
für den Erwachsenen zu 10 µg/Tag berechnet.

Die Literaturangaben über das Verhältnis von Luftbleigehalt
zu  Blutbleigehalt differieren außerordentlich stark. Nach
einer von POTT und EWERS (1978) zusammengestellten Übersicht epidemiologischer Befunde ergeben sich Quotienten
mit Extremwerten zwischen 1.3 und 6; die Mehrzahl der angegebenen Werte konvergiert näherungsweise bei 1-2.

## 3.1.1.2  Orale Aufnahme

Diätuntersuchungen, die im Auftrage der Europäischen Gemeinschaft in 9 europäischen Großstädten durchgeführt wurden, ergaben als tägliche, mit fester oder flüssiger Nahrung oral von einem "durchschnittlichen" Jugendlichen aufgenommene Bleimenge Werte zwischen 260 und 550 µg/Tag. Angaben über Aufnahmewerte für Erwachsene schwanken ebenfalls zwischen 113 µg/Tag (DHSS, 1980) und 518 µg/Tag
(LEHNERT et al.,1969). Auf 70 kg Körpergewicht bezogen
ergibt das 3.1 bzw. 7.4 µg/kg/Tag. Als maximal tolerierbare wöchentliche Bleiaufnahme empfiehlt das FAO/WHO Expert
Committee on Food Additives 3 mg/Person; auf den Tag um-
gerechnet ergibt dies 430 µg/Person/Tag (WHO, 1972).

Für Säuglinge und Kleinkinder gelten naturgemäß andere Verhältnisse. Nach Berechnungen des Bundesgesundheitsamtes
nimmt ein 5 Monate alter, 7.2 kg schwerer Durchschnitts-
säugling je nach Bleigehalt des zur Nahrungspräparation
verwendeten Trinkwassers wöchentlich 227 bzw. 621 µg Blei
auf (MÜLLER und SCHMIDT, 1983), entsprechend 32.4 bzw.80.7
µg/Tag oder 4.5 bzw. 12.3 µg/Tag. Während aber die Bleire-

sorption aus dem Magen-Darm-Trakt aufgrund der Bilanz-
Studien für den Erwachsenen mit etwa 10% angesetzt wird
(RABINOWITZ et al.,1974), wurden für Säuglinge, Kleinkinder und Kinder Werte von 53% (ALEXANDER et al.,1973)
bzw. 42% (ZIEGLER et al.,1978) ermittelt. Somit würde
der Durchschnittserwachsene etwa 0.3-0.7 µg/kg/Tag, der
Säugling dagegen mindestens 2-6 µg/kg/Tag enteral re-
sorbieren.

## 3.1.2 Verteilung

Nach seiner Resorption aus dem Darm oder der Lunge ver-
teilt sich das Blei auf die 3 Kompartimente Blut, Weichgewebe (Leber, Niere, Gehirn usw.) und Hartgewebe (Knochen, Zähne, Nägel, Haare). 90-95% des resorbierten Bleis
werden an das Hämoglobin der Erythrozyten gebunden, während nur 2-3 µg Pb/dl im Serum nachweisbar sind.

Schwankungen des Angebotes finden in Schwankungen des Bleigehaltes im Blut und der weichen Gewebe, die insgesamt
das mobile Körperblei ausmachen, ihren Niederschlag. Deshalb gilt der Bleigehalt im Vollblut, der sogenannte Blutbleispiegel (PbB), sowohl als ein repräsentativer Indikator
des insgesamt aus der Umwelt momentan resorbierten Bleis,
wie auch als ein repräsentatives Maß für den biologisch
wirksamen Bleigehalt in den weichen Geweben. Wegen seiner
biologischen Halbwertzeit von 20-30 Tagen (RABINOWITZ et al.,
1974) repräsentiert der Blutbleispiegel naturgemäß nur relativ kurze Expositionszeiträume.

Die Bleiverteilung innerhalb der weichen Gewebe ist nur
näherungsweise gleichförmig: Messungen an Autopsiematerial
haben z.T. beträchtliche Verteilungsunterschiede ergeben.
So fand man bei beruflich oder anderweitig nicht auffällig
bleiexponiert gewesenen Personen relativ erhöhte Bleigehalte
vorwiegend in Aorta, Leber und Niere, sowie unterdurch-

schnittliche Werte in Gehirn, Herz und Muskeln (BARRY, 1975; GROSS et al.,1975). Demgegenüber fanden sich bei beruflich bleiexponiert gewesenen Personen, die vor ihrem Tode jedoch nicht mehr exessiv belastet waren, ausgeprägt erhöhte Bleiwerte in Aorta, Leber und Gehirn, während andere Organe keinen deutlichen Anstieg zeigten (BARRY, 1978). In den Organen bleivergifteter Kinder fanden sich im Vergleich mit nicht exponierten Kontrollen massiv erhöhte Bleikonzentrationen in Leber, Niere und Gehirn (KEHOE, 1961; ALTSHULER et al.,1962). Aus diesen Autopsiebefunden ergibt sich u.a., daß im Falle erhöhter Bleiresorption ein Übertritt von Blei aus dem Blut in das Hirngewebe in erheblichem Umfange stattfinden kann. Diese Humanbefunde über eine nur schwach wirksame Blut-Hirn-Schranke werden durch tierexperimentelle Daten gestützt.

So etwa beobachteten GOLDSTEIN et al. (1974) bei 21 Tage alten Ratten nach intravenöser Injektion von radioaktivem Blei eine Aktivität im Gehirn, die der im Blut direkt proportional war. An säugenden (3-25 Tage postnatal), aber auch bei ausgewachsenen Ratten (älter als 100 Tage postnatal) wurden von verschiedenen Autoren Gehirnbleigehalte gemessen, die weitgehend dem Blutbleispiegel entsprachen (GRANT et al.,1976; BULL et al.,1975; FOX et al.,1977; TERHOEVEN, 1980). Interessante, altersabhängige Unterschiede in Verteilung und Retention von Blei fanden MOMCILOVIC und KOSTIAL (1974): Nach einmaliger Gabe von radioaktivem Blei fanden sie eine deutlich langsamere Pb-Elimination bei säugenden Ratten gegenüber der bei ausgewachsenen Tieren. Während nach einmaliger Gabe der Bleigehalt im Gehirn der säugenden Tiere langsam anstieg, fiel er im übrigen Weichgewebe zeitabhängig ab. Acht Tage nach Applikation war die Aktivität im Gehirn der Jungtiere achtmal höher als bei den ausgewachsenen Tieren.

Die Bleibilanz des Menschen ist nicht völlig ausgeglichen.

Der nicht ausgeschiedene Bleianteil wird im Austausch gegen das zweiwertige Calcium im Skelettsystem dauerhaft ein-
gelagert und macht als sogenanntes inaktives Bleidepot etwa
90-95% des Körperbleis aus (SCHRÖDER und TIPTON, 1968).
Die Frage einer möglichen Mobilisierung dieses inaktiven
Bleidepots ist heute noch umstritten.

Im Gegensatz zum mobilen Bleidepot des Blutes und der weichen Gewebe, das beim Erwachsenen keine bedeutsamen alters-
abhängigen Veränderungen zeigt und dessen Schwankungen lediglich Änderungen des momentanen Bleiangebotes widerspiegeln,
nimmt der Bleigehalt im Hartgewebe, insbesondere in den Knochen (BARRY, 1975) und den Zähnen (SHAPIRO et al.,1978;
STEENHOUT and POURTOIS, 1981) im Laufe des Lebens ständig
zu. Der Bleigehalt im Hartgewebe ist demnach ein Indikator
für die langfristig zurückliegende, kumulative Bleiresorption
des Menschen.

Diese Akkumulation von Blei im Hartgewebe beginnt bereits
im Foetalalter (HORIUSHI et al.,1959; BARLTROP, 1969), da
Blei die Plazentaschranke leicht überwindet: Mütterlicher
und foetaler Bleispiegel korrelieren hoch miteinander
(PRINZ et al.,1978).

### 3.1.3 Ausscheidung

Die Ausscheidung des nicht im Hartgewebe eingelagerten Bleis
erfolgt einmal über die Niere mit dem Harn, zum anderen mit
Galle, Haaren, Nägeln, Schweiß und Muttermilch. Absolut werden
nach RABINOWITZ et al.(1974) etwa 50 µg/d des Resorbierten ausgeschieden, wobei mit dem Urin ca. 75%, über den Darm etwa 16%
und mit Haaren, Nägeln und Schweiß zusammengenommen etwa 8%
eliminiert werden. Zwischen dem Blutbleispiegel stillender
Mütter aus dem Ruhrgebiet und dem Bleigehalt in der Muttermilch wurde ein enger korrelativer Zusammenhang von r=0.72 gefunden (PRINZ et al.,1978). Absolut gesehen beträgt die Bleikonzentration in der Muttermilch nur etwa 1/10 des Blutbleispiegels.

## 3.2  Besonderheiten des heranwachsenden Organismus

Die physiologische Dynamik des kindlichen Wachstums und
der kindlichen Entwicklung bedingt Besonderheiten, die
im Vergleich zu der Situation des ausgewachsenen Organismus sowohl hinsichtlich kinetischer Aspekte als auch unter
Wirkungsgesichtspunkten eine größere Bleiempfindlichkeit
des Kindes im Vergleich zum Erwachsenen wahrscheinlich
machen. Im einzelnen ist in diesem Zusammenhang auf folgende Einzelaspekte zu verweisen (nach EPA, 1977):

1. Die Bleiaufnahme des Kindes relativ zum Körpergewicht
   ist erhöht, was wahrscheinlich mit dem größeren Ener-
   gie- und Wasserbedarf im Kindesalter zusammenhängt.

2. Die Netto-Resorption über die Lunge und den Magen-Darm-
   Trakt ist bei Kindern ebenfalls erhöht.

3. Das rasche Wachstum des kindlichen Organismus bedingt
   eine Verringerung des Sicherheitsabstandes gegenüber
   einer Vielzahl relevanter Risikofaktoren, wie z.B. Ei-
   senmangelzuständen.

4. Die Eßgewohnheiten von Kindern unterscheiden sich in
   vielerlei Hinsicht von denen Erwachsener, z.B. Finger
   und Gegenstände in den Mund nehmen (Pica-Verhalten*),
   verschmutzte Eßsachen (Bonbons) aufheben usw.

5. Bei Kindern ist die Möglichkeit von Calcium-, Eisen-
   und Eiweißmangelzuständen auf die Aufnahme bezogen so
   groß, daß eine Negativbilanz in dieser Hinsicht vorliegen kann.

6. Bei Kleinkindern sind verschiedene Stoffwechselwege
   noch unvollkommen entwickelt, wie z.B. die Blut-Hirn-
   Schranke.

---

*) Als Picaismus wird, speziell im angloamerikanischen
Schrifttum, die Verhaltensauffälligkeit bei Kindern
bezeichnet, nichteßbare Dinge häufiger und länger als
altersgemäß üblich in den Mund zu nehmen.

7. Die Verteilung von Blei zwischen und innerhalb der drei
   Kompartimente ist bei Kindern erheblich von der bei erwachsenen Personen verschieden: z.B. befinden sich bei
   ihnen nur 60-65% des Körperbleis in den Knochen, gegenüber 95% bei Erwachsenen (s.S.14).

## 3.3.  Biologische Indikatoren der Bleibelastung

Als biologische Indikatoren der Bleibelastung werden Blei-
konzentrationsmessungen in verschiedenen physiologischen
Medien, wie Blut, Weichgewebe, Urin, Haare, Zähne, oder aber
wirkungsbezogene biochemische Reaktionen einer bleibedingten
Störung der Häm-Biosysnthese (s.S. 23) verwendet.

Das klassische Maß der aktuellen Bleiexposition des Menschen ist die Bestimmung des Bleigehaltes im Vollblut (PbB),
wobei bevorzugt venöses, in Sonderfällen auch Kapillarblut,
verwendet wird.

Entsprechend den geringen Bleikonzentrationen im Plasma
sind auch die Urin-Bleikonzentationen (PbU) gering. Praktisch bedeutsam ist die PbU-Messung daher meist nur im Zusammenhang mit der Messung der Bleiausscheidung mach Aus-
schwemmung eines Teiles des inaktiven Depots durch Komplex-
bildner (DAVID et al.,1972). Als routinemäßige Screening-
Methode zur Abschätzung des Bleidepots ist dieses Verfahren
wegen möglicher Nebenwirkungen (Nierenschäden, allergische
Reaktionen) jedoch ungeeignet.

Die Messung des Bleigehaltes in den Haaren als eines Maßes
für die mittelfristige und periodisch abgestuft zurückliegende Expositionsgeschichte eines Menschen erscheint wegen
der leichten Gewinnbarkeit des Materials und seines nicht-
invasiven Charakters für Screening-Zwecke besonders attrak-
tiv. Über methodische Details informiert SONNEBORN (1978).
Erhebliche Interpretationsprobleme ergeben sich bei dieser

Methode jedoch aus der Schwierigkeit, äußere und innere Kontamination sauber voneinander zu trennen.

Anders als der Blutbleispiegel ermöglicht der Bleigehalt in Zähnen eine Aussage über die seit Anlage des Zahnes bis zum Zeitpunkt der Extraktion oder des Spontanausfalles erfolgte Bleiakkumulation im festen Gewebe (EWERS und BROCK-HAUS, 1977). Die Messung erfolgt entweder im Ganzzahn oder in einzelnen Zahnschichten. Wegen der ebenfalls leichten Gewinnbarkeit dieses Biopsiematerials ist die Analyse des Bleigehaltes in spontan ausgefallenen Milchzähnen von Kindern für Screening-Zwecke besonders geeignet.

Die analytischen Probleme der Zahnbleibestimmung scheinen heute gelöst; eine dem heutigen Stand entsprechende Darstellung des Analyseherganges auf AAS-Basis*geben EWERS et al. (1982): Danach ist die Korrelation zweier Schneidezähne desselben Kindes mit r=0.86 ähnlich hoch wie die der Schneidezähne von Geschwistern mit r=0.75. Signifikante, erwartungsgemäß aber nur mäßig hohe Korrelationen mit dem Blutbleispiegel um r=0.50 (ERNHART et al.,1981; EWERS et al., 1982) sowie signifikante Korrelationen mit den Pb-Konzentrationen im Staubniederschlag (EWERS et al.,1982) belegen die Validität dieses Indikators einer langfristigen, kumulativen Bleiexposition.

## 3.4 Organgrenzwerte und Abschätzung des Risikopotentials

Normalwerte des Blutbleispiegels der Allgemeinbevölkerung liegen zwischen 10 und 20 µg/dl (POTT und SCHLIPKÖTER, 1976). Hierbei handelt es sich mit Sicherheit bereits um zivilisatorisch überhöhte Werte, da mittlere Blutbleispiegel zivilisationsferner Bevölkerungsgruppen , z.B. von Indianern aus dem Quellgebiet des Orinoko (HECKER et al.,1974) oder von Bergvölkern aus Nepal (PIOMELLI et al.,1980), mit 0.87 bzw. 3.4 µg/dl ermittelt  wurden.

---

* AAS = Atomabsorptionsspektroskopie

Für den Bereich der Europäischen Gemeinschaften sind mit
der Richtlinie des Rates vom 29. März 1977 über "Die biologische Überwachung der Bevölkerung auf Gefährdung durch
Blei" (CEC, 1977) Richtwerte verabschiedet worden, die auf
der Basis der Summenhäufigkeitsverteilung einer nicht spe-
zifizierten Zufallsstichprobe folgende Stützpunkte auf-
weist: 98%≤35 µg/dl, 90%≤30 µg/dl, 50%≤20 µg/dl. Dies bedeu-
tet, daß in einer unausgelesenen Zufallsstichprobe höchstens
2% aller Blutproben mehr als 35 µg Pb/dl, höchstens 10%
mehr als 30 µg Pb/dl und höchstens die Hälfte mehr als 20 µg
Pb/dl enthalten sollten.

Legt man diese Werte zugrunde, so ergeben sich für verschiedene Regionen der Bundesrepublik Deutschland die in Tabelle 1
aufgeführten Prozentsätze (WINNEKE, 1981).

Für Kinder aus den Hauptbelastungszonen der Städte Oker,
Nordenham, Stolberg und Duisburg wird der EG-Richtwert
von 35 µg/dl überschritten. Diese Städte sind industriell
mehr oder weniger ausgeprägt durch Betriebe der NE*-Metall-
industrie charakterisiert. In nicht ausgesprochen industriell belasteten Großstädten wie Köln oder Düsseldorf  sind
nennenswerte Überschreitungen der Richtwerte nicht festzustellen.

Verglichen mit den in Tabelle 1 aufgeführten Zahlen stellt
sich das Problem der Bleibelastung von Kindern in den Vereinigten Staaten von Amerika um Größenordnungen gravieren-
der dar. Dort gilt nach einer Richtlinie des Centre for
Disease Control (CDC) bereits ein Blutbleiwert von 30 µg/dl
als eine Grenze der Bleigefährdung. Von insgesamt 502.900
bundesweit untersuchten Kindern wurden im Jahre 1980 immerhin 26.500 oder 5.3% als in diesem Sinne bleigefährdet
diagnostiziert (CDC, 1981).

---

* NE = Nicht-Eisen

| UNTERSUCHUNGS-GEBIET | ALTERSGRUPPE | ≧30μg/dl | ≧35μg/dl | ≧40μg/dl | QUELLE |
|---|---|---|---|---|---|
| – | – | 10% | 2% | – | EG-AMTSBLATT Nr.1 (1977) |
| Duisburg | Schulkinder (n=127) | 7.9% | 3.2% | 1.6% | BROCKHAUS et al. (1978) |
| Düsseldorf | Schulkinder (n=130) | 0 | 0 | 0 | BROCKHAUS et al. (1978) |
| Freiburg | Schulkinder (n=124) | 0.8% | 0.8% | 0.8% | BROCKHAUS et al. (1978) |
| Nordenham (0-2000m) | Neugeborene (n=132) | 0 | 0 | – | THRON et al. (1978) |
| | Schulkinder (n=240) | 5.2% | 2.3% | – | |
| Stolberg | Kinder(n=404) 2-14 Jahre | 4.6% | ? | 1.5% | EINBRODT und ROSMANITH (1978) |
| Stolberg (Risikogruppe) | Kinder(n=947) 2-6 Jahre | 22% | ? | 11.9% | EINBRODT und ROSMANITH (1978) |
| Oberhausen/ Duisburg | Neugeborene (n=950) | 0.5-1% | 0 | 0 | PRINZ et al. (1978) |
| Oker (Hüttennähe) | Kinder(n=100) | (37%) | 22% | (12%) | AURAND und HOFFMEISTER (1980) |

Tabelle 1: Überschreitungs-Häufigkeiten (in%)verschiedener, der EG-Richtlinie entnommener Blutbleispiegel (PbB) bei Kindern. Die oberste Zeile enthält die Referenzwerte der EG-Richtlinie (1977). Klammerwerte sind aus Kurven abgelesen.

Ergebnisse eines bundesweiten Screening-Programms im Rahmen des "National Health and Nutrition Examination-Survey" (NHANES II) der Food and Drug Administration, bei dem zwischen 1976 und 1980 insgesamt 10.049 Personen im Alter von 0.5-74 Jahren untersucht worden waren, ergab die in Tabelle 2 aufgeführten Überschreitungshäufigkeiten (ANNEST et al.,1982); dieser Tabelle liegt eine Teilstrichprobe von 2.372 zufällig ausgewählter Kinder im Alter von 0.5-5 Jahren zugrunde, die schätzungsweise 16 Mio. Gleichaltrige repräsentieren.

| Demographische Variable | alle Rassen | Weiße | Farbige |
|---|---|---|---|
| Beide Geschlechter | 4.0% | 2.0% | 12.2% |
| Jungen | 4.4% | 2.1% | 13.4% |
| Mädchen | 3.5% | 1.8% | 10.9% |
| Familieneinkommen/Jahr: | | | |
| < 6.000 $ /Jahr | 10.9% | 5.9% | 18.5% |
| 6.000-14.999 $ | 4.2% | 2.2% | 12.1% |
| > 15.000 $ | 1.2% | 0.7% | 2.8% |
| Urbanisationsgrad des Wohnortes: | | | |
| Großstadt ($>10^6$ Einwohner) | 7.2% | 4.0% | 15.2% |
| Stadtkern | 11.6% | 4.5% | 18.6% |
| Außenbezirke | 3.7% | 3.8% | 3.3% |
| Großstadt ($<10^6$ Einwohner) | 3.5% | 1.6% | 10.2% |
| ländlich | 2.1% | 1.2% | 10.3% |

Tabelle 2:    Prozentsatz von Kindern (Alter: 6 Monate-5 Jahre)
mit Blutbleiwerten $\geq$30 µg/dl aus der NHANES-
Studie, aufgeteilt nach verschiedenen demogra-
phischen Variablen (ANNEST et al.,1982)

4% aller Kinder, also etwa 640.000 amerikanische Kinder,
haben danach Blutbleiwerte $\geq$30 µg/dl, mit einer deutlichen
Häufung in den unteren Einkommensgruppen und bei Farbi-
gen. Dieser Sachverhalt beleuchtet bereits die Bedeutung
sozialer Faktoren, die bei der Interpretation epidemiologischer Befunde zur Wirkung von Blei auf Kinder besonders
beachtet werden müssen. Zum Teil als mit Sozialfaktoren
korrelierend, ist offenbar auch der Wohnort der Kinder
für die Bleibelastung entscheidend. Kinder aus Großstädten,
und insbesondere aus deren Kerngebieten, sind deutlich
höher belastet als solche aus Stadtrandgebieten, Klein-
städten und ländlichen Regionen.

# 4. Bleiwirkungen: Literaturübersicht

Blei ist ein nichtessentielles Metall: im Gegensatz zu den
lebenswichtigen Spurenelementen sind keine physiologischen
Funktionen bekannt, die durch Fehlen von Blei beeinträchtigt würden (POTT und SCHLIPKÖTER, 1976). Blei ist ein sys-
temisch wirkendes Zellgift, das je nach Dosis und Zeit der
Einwirkung verschiedenartige Schadwirkungen in vielen Organen und Organsystemen hervorruft. Wegen der Breite und
Differenziertheit des Wirkungsspektrums, das enzymatische
und zelluläre Effekte ebenso umfaßt wie z.T. ungesicherte
nephrotoxische, mutagene und kanzerogene Wirkungen, sei
auf Übersichtsdarstellungen verwiesen (HENSCHLER, 1977;
WHO, 1977).

Im Rahmen dieser Darstellung wollen wir uns mit einer
knappen Beschreibung des klinischen Bildes der akuten
und der chronischen Bleivergiftung unter besonderer Berücksichtigung seiner Erscheinungsformen im Kindesalter,
sowie mit einer ebenfalls kurz gefaßten Darstellung häma-
tologischer Bleiwirkungen zufrieden geben, um dann aus-
führlicher den Aspekt der Neurotoxizität von Blei unter
besonderer Berücksichtigung neuropsychologischer Befunde
an Kindern zu erörtern.

## 4.1 Das klinische Bild der Bleivergiftung

Das Bild der akuten oder chronischen Bleierkrankung ist
aus arbeitsmedizinischen Erfahrungen an Bleiarbeitern
sowie pädiatrisch-neurologischen Beobachtungen an bleivergifteten Kindern seit langem bekannt. Subjektive und
objektive Symptome der chronischen Bleivergiftung nach
vorwiegend arbeitsmedizinischen Erkenntnissen sind in
Tabelle 3 zusammengefaßt..

<table>
<tr><td>Subjektiv:</td><td colspan="2">Schwächegefühl<br>Appetitlosigkeit<br>Müdigkeit<br>Nervosität<br>Tremor<br>Übelkeit<br>Abmagerung<br>Kopfschmerzen</td></tr>
<tr><td></td><td>Magen-Darm-Symptome:</td><td>Obstipation<br>Magenbeschwerden<br>Koliken</td></tr>
<tr><td></td><td colspan="2">Streckerschwäche<br>Impotenz, Amenorrhöe</td></tr>
<tr><td>Objektiv:</td><td colspan="2">Blässe (enge Arteriolen); Gewichtsabnahme<br>Erhöhte Ausscheidung von Delta-amino-Lävulinsäure<br>Porphyrinurie (Koproporphyrin III)<br>Obstipation</td></tr>
<tr><td></td><td>Blut:</td><td>erhöhter Pb-Spiegel<br>Serumbilirubin und Serumeisen evtl. leicht erhöht<br>Anämie (basophil punktierte Erythrozyten)</td></tr>
<tr><td></td><td>Knochenmark:</td><td>basophil punktierte Erythroblasten<br>zweikernige Erythroblasten<br>evtl. gesteigerte Erythropoese</td></tr>
<tr><td></td><td colspan="2">Bleisaum<br>Streckerschwäche<br>Tremor</td></tr>
</table>

Tabelle 3: Klinische Symptome der chronischen Pb-Vergiftung
nach Häufigkeit geordnet (nach MOESCHLIN, 1972;
zit. nach POTT und SCHLIPKÖTER, 1976)

Die auch frühdiagnostisch wichtigsten Symptome manifestieren
sich als hämatologische Störungen und als neurologisch faßbare Störungen des peripheren Nervensystems; hierauf wird
noch zurückzukommen sein.

Seit über einem halben Jahrhundert ist bekannt, daß Bleivergiftungen bei Kindern Enzephalopathien hervorrufen können (THOMAS and BLACKFAN, 1914). Bei akut schwerem Verlauf
können innerhalb von 24 Stunden unbeeinflußbare Krämpfe
einsetzen, an die sich Koma und Atem- bzw. Herzstillstand
anschließen. Der Tod tritt oft innerhalb von 48 Stunden

nach Einsetzen der Symptome ein. Bei eher protrahiertem Verlauf entwickelt sich die Enzephalopathie in weniger als einer Woche, wobei Erbrechen und Apathie bis zu stuporösem Verhaltem sich abwechseln mit Phasen von Übererregbarkeit, Gedächtnis- und Konzentrationsverlust, Depressionen, Halluzinationen, Kopfschmerzen und Tremor.

Enzephalopathien bei Kindern mit chronischer Bleivergiftung, bei denen außer erhöhten Blutbleiwerten ($>$100 µg/dl) im Röntgenbild Bleilinien (d.h. Bleieinlagerungen) in den langen Skelettknochen feststellbar sind, gehen oft mit aggressivem Verhalten und anderen Verhaltensauffälligkeiten einher, insbesondere Sprachverlust und Koordinationsverlust. Krampfzustände sind häufig, die jedoch nach ihrem klinischen Erscheinungsbild nicht von Krampfanfällen anderer Ätiologie unterscheidbar sind.

Kinder, die eine akute Bleienzephalopathie überleben, zeigen in etwa 25% aller Fälle schwere und persistierende neurologische sowie neuropsychologische Störungen (BYERS, 1959; SMITH, 1964), auf die im einzelnen später eingegangen wird.

## 4.2  Hämatologische Bleiwirkung

Biochemisch sind wahrscheinlich alle Giftwirkungen des Bleis auf seine Einlagerung in verschiedene Enzyme zurückzuführen, deren Aktivität durch Bindung an die SH-Gruppen ihrer Eiweißkomponenten oder durch Verdrängung anderer Metallionen gehemmt wird (POTT und SCHLIPKÖTER, 1976).

Dies ist besonders überzeugend durch bleibedingte Störungen auf den verschiedenen Stufen des Prozesses der Häm-Biosynthese belegt, die im einzelnen aufgeklärt sind. Häm ist die funktionelle oder prosthetische Gruppe des roten Blutfarbstoffes (Hämoglobin), der durch reversible

Bindung den Sauerstofftransport von der Lunge zu den Verbrauchsstellen im Körper besorgt.

Die Häm-Biosynthese wurd durch 6 Enzyme katalytisch gesteuert, deren Aktivität durch Blei gehemmt wird, wodurch die für den betreffenden Syntheseschritt bereitgestellten Hämvorläufer im Organismus angereichert und vermehrt ausgeschieden werden (VALENTIN et al.,1979). Die beiden, vielleicht wichtigsten bleibedingten Störungen sind die Blockade der Bildung des Porphobilinogen (PBG)-Ringes aus zwei Molekülen d-Aminolävulinsäure (d-ALA) durch Hemmung der Aktivität des Enzyms d-ALA-Dehydratase (d-ALAD), sowie die Blockade des terminalen Einbaus von Eisen in Protoporphyrin IX durch Hemmung der Aktivität des Enzyms Ferrochelatase (Hämsynthetase). Im ersten Falle kommt es zu einer ALA-Akkumulation im Blut und - schließlich - zu einer ALA-Ausscheidung im Urin, im zweiten Falle zu einer Akkumulation des freien Protoporphyrins in den Erythrozyten (FEP).

Die besonders frühzeitig faßbare bleibedingte Hemmung des Enzyms ALAD in den Erythrozyten (HERNBERG and NIKKANEN, 1972) gilt solange als lediglich biochemische Reaktion ohne Krankheitswert, bis es bei Blutbleispiegeln um 40 µg/dl zu einer vermehrten ALA-Ausscheidung im Urin kommt (EPA, 1977). Entsprechend gilt auch ein FEP-Anstieg erst dann als eine Überbeanspruchung der funktionellen Reservekapazität, wenn FEP-Werte von 140 µg/dl RBC überschritten werden, was bei 70% aller Kinder bei PbB-Werten zwischen 40 und 49 µg/dl der Fall ist (PIOMELLI et al.,1973).

Wegen der differenzierten Kenntnis über die Mechanismen der Störwirkung von Blei auf die Hämatopoese und der Präzision der in mehreren unabhängigen Untersuchungen ermittelten Dosis-Wirkungs- und Dosis-Häufigkeits-Beziehungen (ZIELHUIS, 1975) ist dieser Aspekt der biologischen Blei-

wirkung für die Festlegung tolerierbarer Organgrenzwerte
bislang entscheidender gewesen als andere Aspekte der Bleiwirkung, die, wie z.B. Wirkungen auf das Nervensystem und
das Verhalten, bislang ein eher uneinheitliches Bild zeigen.

## 4.3 Wirkungen von Blei auf neurologische und neuropsycho-logische Funktionen

Dieser Abschnitt behandelt Bleiwirkungen auf das periphere
(PNS) und zentrale Nervensystem (ZNS), wobei jeweils zwischen klinisch faßbaren Wirkungen hoher Expositionen und
subklinischen Effekten mäßiger bis niedriger Dosen auf den
erwachsenen und den kindlichen Organismus unterschieden
wird. Im Anschluß an diese Literaturübersicht werden die
zu diesem Wirkungsaspekt durchgeführten eigenen Untersuchungen an Pb-exponierten Kindern begründet, in Anlage und
Ergebnissen ausführlich dargestellt und anschließend in
ihren grundwissenschaftlichen sowie klinischen Aspekten
diskutiert.

## 4.3.1 Periphere Neuropathien durch Blei

Zum klinischen Bild der chronischen Bleivergiftung am Ar-
beitsplatz (s. Tab.3) gehören die heute eher seltenen Blei-
lähmungen, die sich in einer Schwäche der Streckmuskulatur
äußern, wobei vorzugsweise die vom N.radialis versorgte
Finger- und Handmuskulatur befallen ist ("Fallhandstellung").

Als Frühzeichen einer beginnenden Blei-Neuropathie lassen
sich elektrophysiologisch faßbare Verlangsamungen der
Nervenleitgeschindigkeit (NLG) und elektromyographische
Defizite deuten, die von mehreren Autoren bei Bleiwerten
zwischen 50 und 80 µg/dl gefunden wurden (SEPPÄLÄINEN and HERN-
BERG, 1972; SEPPÄLÄINEN et al., 1975; MELGAARD et al., 1976).

Die finnische Gruppe um Seppäläinen hat als untere Wirk-
schwelle für NLG-Veränderungen zunächst 50 µg/dl ermittelt

(SEPPÄLÄINEN et al.,1976), neuerdings jedoch im prospek-
tiven Ansatz NLG-Verlangsamung schon bei einem PbB-An-
stieg innerhalb eines Jahres von 15 auf 30-40 µg/dl nachgewiesen (SEPPÄLÄINEN and HERNBERG, 1982).

Anders als beim Erwachsenen sind Pb-bedingte Funktionsstörungen des PNS bei Kindern eher selten. FELDMAN et al.
(1973) berichten über eine Verlangsamung der motorischen
NLG bei Kindern bei einem PbB  40 µg/dl bzw. einem erhöhten PbU nach EDTA-Provakation*(s.S.16 ). Über eine signifikant negative Korrelation (r=-0.38) zwischen PbB (14-100
µg/dl) und NLG bei Kindern in der Umgebung einer Bleihütte berichten LANDRIGAN et al. (1976). ENGLERT (1978) fand
keine NLG-Verlangsamung bei Kindern mit PbB-Werten zwischen
15 und 30 µg/dl.

## 4.3.2  Zentralnervöse Bleiwirkungen

### 4.3.2.1  ZNS-Wirkungen hoher Bleibelastungen

Die schwerste, häufig letale Folge der akuten oder chronischen Bleivergiftung ist die Blei-Enzephalopathie, auf
deren klinische Erscheinungsformen bereits eingegangen wurde (s.S. 23). Bei Erwachsenen kommt sie relativ selten und
dann frühestens bei Blut-Bleikonzentrationen deutlich oberhalb 120 µg/dl zur Beobachtung (KEHOE, 1961), bei Kindern
ab etwa 100 µg/dl (CHISOLM, 1965). Häufiger als beim Erwachsenen geht die Bleienzephalopathie im Kindesalter jedoch letal aus. Zahlenangaben schwanken zwischen 5 und 39%
aller Fälle (EPA, 1977).

Es ist unstrittig, daß Kinder, die eine akute Bleivergiftung
überleben, oft irreversible neurologische und neuropsychologische Störungen zeigen (SMITH et al.,1963; PERLSTEIN and
ATTALA, 1966). Aus der umfangreichen Untersuchung von PERL-
STEIN and ATTALA (1966) sind folgende Ergebnisse zu beachten:

---

* EDTA = Ethylene-diamino-acetic-acid (Äthylendiamonitetra-
         essigsäure)

49% der insgesamt 425 Kinder zeigten Spätfolgen, wobei Intelligenzdefekte überwogen. Je schwerwiegender die Vergiftungssymptomatik, umso wahrscheinlicher das Auftreten neurologischer Spätfolgen: Bei über 80% der Kinder mit Enzephalopathie-Symptomatik wurden bleibende Schäden gesehen, vorwiegend Krampfanfälle und/oder Intelligenzdefekte. Bemerkenswert erscheint, daß noch 9% der asymptomatisch vergifteten Kinder Intelligenzdefekte zeigten. BYERS and LORD (1943) führten eine Nachuntersuchung von 20 Kindern im Schulalter durch, die im Alter zwischen 11 Monaten und 6 Jahren wegen akuter Bleivergiftung durch orale Aufnahme bleihaltiger Farben hospitalisiert worden waren. Obwohl nur 8 dieser Kinder nach der Vergiftung Symptome zentralnervöser Affektionen gezeigt hatten (epileptiforme Krämpfe, Verwirrtheitszustände), waren 19 später auffällige Schulversager. Neben allgemeiner Schulleistungsschwäche imponierten Verhaltensauffälligkeiten, wie z.B. Hyperaktivität, Konzentrationsmängel und Impulsivität. Da eine Kontrollgruppe fehlte und viele Kinder aus sozial benachteiligten Verhältnissen stammten, ist die Schlußfolgerung auf ein bleibedingtes Schulversagen als Spätfolge der frühen Intoxikation zwar naheliegend, aber nicht zwingend (RUTTER, 1980).

SMITH et al.(1963) fanden bei Kindern fünf Jahre nach Bleiintoxikation rekurrente Krampfanfälle und focale EEG-Auffälligkeiten nur in Fällen mit Bleienzephalopathie. Hingegen war ein Intelligenzdefizit nicht nur in dieser Gruppe, sondern auch bei bleivergifteten Kindern ohne Enzephalopathiesymptomatik nachzuweisen. Die Intelligenzquotienten (IQ) dieser Gruppen betrugen 80 bzw. 87, diejenigen unbelasteter Kontrollen bzw. von Kindern mit Pica-Symptomatik aber ohne Bleivergiftung (s.S. 15), jeweils 98.

Aus den in diesem Abschnitt dargestellten Untersuchungen
ergibt sich der Schluß, daß

1. Bleivergiftungen im Kindesalter häufig mit irreparablen
neurologischen und neuropsychologischen Spätfolgen verbunden sind,

2. unter den neuropsychologischen Folgen Intelligenzdefekte
bzw. IQ-Defizite häufig sind,

3. diese Zeichen zentralnervöser Affektionen bei Pb-ver-
gifteten Kindern mit Enzephalopathie-Symptomatik nahezu
obligatorisch sind, und

4. auch bei diesbezüglich asymptomatischen Kindern vielfach
Intelligenzdefizite nachgewiesen wurden.


Bis noch vor wenigen Jahren herrschte die Auffassung vor,
daß eine lediglich erhöhte, asymptomatische Bleiresorption
im Kindesalter mit Blutbleiwerten unterhalb von etwa 50 µg/
dl als klinisch unerheblich zu bewerten sei. Diese Position
wird zunehmend in Frage gestellt (NEEDLEMAN, 1980). Dabei
wird die Auffassung vertreten, daß subtile neuropsychologische Defizite bei Kindern, z.T. aber auch bei Erwachsenen,
auch unterhalb bislang als unbedenklich angesehener Organ-
Bleikonzentrationen nachweisbar seien. Diese Position stützt
sich auf eine größere Zahl epidemiologischer Untersuchungen
an Kindern und z.T. auch an Bleiarbeitern, die im folgenden
Abschnitt in Form einer kritischen Übersicht vorgestellt
werden. Dabei wird sich zeigen, daß die Beweislage noch un-
sicher ist und weitergehende Untersuchungen erforderlich
macht.


4.3.2.2 Neuropsychologische Wirkungen bei asymptomatischer
Bleibelastung

Die Neuropsychologie als Teilgebiet der physiologischen
Psychologie untersucht Zusammenhänge zwischen Verhalten und
der Aktivität des ZNS, insbesondere des Gehirns (JANKE, 1976).

Eine typisch neuropsychologische Fragestellung ist z.B.
die nach den Auswirkungen diffuser oder lokal umgrenzter
Hirnschäden im Testverhalten.

Die bisherigen Ausführungen haben gezeigt, daß Blei bei
hoher Exposition zu primären oder sekundären Hirnschäden
führt, die - insbesondere im Kindesalter - häufig mit irreparablen neuropsychologischen Spätfolgen assoziiert
sind, bei denen Intelligenzdefekte mit im Vordergrund des
Wirkungsbildes stehen. Angesichts dieser Sachlage ist es
legitim zu fragen, ob eine lediglich erhöhte Bleiexposition, die chronisch asymptomatisch bleibt, zu entsprechend
geringgradigen Intelligenzdefiziten oder, allgemeiner, zu
einer Beeinträchtigung kognitiver Funktionen führen kann.

Mit "Kognition" bezeichnet man nach STEINGRÜBER (1976)
diejenigen Prozesse, durch die der Mensch zu bewußter
Kenntnis seiner Umwelt gelangt. Hierzu gehören z.B. Urteilen, Wahrnehmen, Denken, Gedächtnis und Lernen. Die
meisten dieser Funktionen sind in ihren Leistungsaspekten
Bestandteil der gebräuchlichen Intelligenztests. Als Maß
der Intelligenzhöhe dient der sogenannte Intelligenzquotient,
der in der Regel so normiert ist, daß eine durchschnitt-
liche, altersentsprechende Intelligenz durch den Wert 100
charakterisiert wird. Typische Intelligenztests, die in
Bleiuntersuchungen verwendet wurden, sind: Der "Hamburg-
Wechsler-Intelligenztest für Erwachsene (HAWIE)" oder für
Kinder (HAWIK) bzw. deren anglo-amerikanische Vorbilder
"Wechsler Intelligence Scale for Children (WISC)" oder
"Wechsler Adult Intelligence Scale (WAIS)", die "Stanford-
Binet-Tests" oder die "McCarthy Scales of Childrens'
Abilities".

4.3.2.2.1 Untersuchungen an Erwachsenen

An Bleiarbeitern wurden bei Blutbleiwerten <70 µg/dl
(SEPPÄLÄINEN et al., 1976) bzw. von durchschnittlich etwa

50 µg/dl (VALCIUKAS et al., 1978), 45 µg/dl (GRANDJEAN et al.,
1978) und etwa 30 µg/dl (MANTERE and HÄNNINEN, 1982) neuropsychologische Belastungswirkungen mit Hilfe standardisierter Testverfahren untersucht.

Die Ergebnisse dieser Untersuchungen deuten darauf hin,
daß kognitive, insbesondere wahrnehmungsbezogene Funktionen auch bei asymptomatisch Pb-exponierten Erwachsenen
beeinträchtigt sein können. Einschränkend muß aber darauf
hingewiesen werden, daß in Querschnittsuntersuchungen eine
Unterscheidung zwischen Belastungswirkung einerseits und
belastungsabhängiger Arbeitsplatz-Selektion andererseits
schwierig ist.

## 4.3.2.2.2    Kinderuntersuchungen

Wegen der besonderen Gefährdung von Kindern durch Blei
(s. Kapitel 3.2), und den bei ihnen nach symptomatischer
Bleivergiftung oft beobachteten irreparablen Spätfolgen
zentralnervöser Genese (s. Kapitel 4.3.2), hat diese Risi-
kogruppe in neuroepidemiologischen Untersuchungen besondere
Beachtung gefunden. Neben den bereits genannten Intelligenzdefiziten und spezifischen kognitiven Beeinträchtigungen
(Wahrnehmung, Gedächtnis), sind besonders Verhaltensauffälligkeiten ("Hyperaktivität", Aufmerksamkeitsstörungen, Impulsivität), sowie grob- und feinmotorische Störungen Un-
tersuchungsgegenstand gewesen. Eine Übersicht über die in
verschiedenen Untersuchungen berücksichtigten abhängigen
Variablen gibt Tabelle 4. Diese Übersicht ist eher prag-
matisch ausgerichtet. Sie soll lediglich eine leichtere
Orientierung über die häufig nur ad hoc und mit nur geringer klinischer oder theoretischer Fundierung konzipierten
Testbatterien verschiedener Untersuchungen ermöglichen und
dadurch das Verständnis der folgenden Literaturübersicht
erleichtern helfen.

| WIRKUNG | VERWENDETE TESTVERFAHREN |
|---|---|
| Intelligenz-Defizit | Wechsler-Skalen<br>McCarthy Scale of Childrens' Abilities<br>Griffiths Mental Development Scales |
| Visuomotorische Defizite | Bender Gestalt-Test<br>Benton-Test<br>Frostig Skalen |
| Feinmotorische Störungen | Purdue Pegboard-Test<br>Tapping-Test<br>Oseretsky Motor-Skala |
| Reaktionszeit-Verlangsamung | Akustische Signale mit variablen Vorwarnzeiten |
| Verhaltens-Auffälligkeiten | Connors-Skalen<br>Werry-Weiss-Peters-Skala<br>Needleman-Skala |

Tabelle 4: Neuropsychologische Wirkungen und ihnen zugeordnete Testverfahren (Auswahl)

Diese Literaturübersicht erfolgt weitgehend in tabellarischer Form, in Anlehnung an bereits veröffentlichte Modelle (BORNSCHEIN et al.,1980). Eine auch nur skizzenhafte Darstellung und kritische Bewertung aller in diesem Zusammenhang durchgeführten Untersuchungen würde den Rahmen der vorliegenden Arbeit sprengen. Stattdessen sollen neben den seit 1980 veröffentlichten neuen Untersuchungen nur einige ausgewählte ältere Arbeiten in methodischer und ergebnismäßiger Hinsicht exemplarisch vorgestellt, aus ihren Stärken und Schwächen der derzeitige Sachstand entwickelt, und die Notwendigkeit der eigenen neuropsychologischen Untersuchungen an bleiexponierten Kindern begründet werden. Dieses Vorgehen erscheint umso eher vertretbar, als die bis einschließlich 1979 veröffentlichten Untersuchungen an asymptomatisch bleiexponierten Kindern in vorbildlichen Übersichtsarbeiten kritisch wertend zusammengefaßt worliegen (BORNSCHEIN et al.,1980; RUTTER, 1980). Auf weitere Zusammenfassungen mit speziellerer Fragestellung sei an dieser Stelle verwiesen (GREGORY, 1979; WINNEKE, 1981).

In Anlehnung an RUTTER (1980) sind die bisher durchgeführten Kinderuntersuchungen in den Tabellen 5a-e nach folgenden methodischen Gesichtspunkten geordnet: Tabelle 5a erfaßt klinische Studien an Kindern mit hohem Blutbleispiegel, Tabelle 5b umfaßt retrospektiv angelegte Studien, Tabelle 5c enthält Untersuchungen über die Wirkung von Ausschwemmungstherapien, Tabelle 5d faßt Studien an Kindern aus der Umgebung von Bleihütten zusammen und Tabelle 5e schließlich enthält eine Untersuchung, in der nur der Zahnbleigehalt als Belastungsmaß herangezogen wurde.

Aus den in Tabelle 5a zusammengefaßten Untersuchungen an Kindern mit hohem Blutbleispiegel ( > 40 µg/dl) sollen exemplarisch zwei (PERINO and ERNHART, 1974; ERNHART et al., 1981) herausgegriffen und in ihren wesentlichen Aspekten miteinander verglichen werden.

PERINO und ERNHART (1974) verglichen 50 farbige Vorschüler
(PbB zwischen 10 und 30 µg/dl) mit 30 erhöht belasteten,
sonst aber vergleichbaren Kindern (PbB zwischen 40 und 70
µg/dl). Die Gruppen waren hinsichtlich des sozioökonomischen
Status (SÖS) der mütterlichen Intelligenz (Quick-Test), Geburtsgewicht, Alter und Geschlecht vergleichbar. Als abhängige Variable wurde die Testleistung mit den "McCarthy
Scales of Childrens' Abilities" (MCCARTHY, 1972) als IQ-
Maß erfaßt.

Sowohl in der Gesamtleistung als auch vor allem in den
wahrnehmungsbezogenen Teilleistungen schnitten die Kontrollen signifikant besser ab als die Bleikinder. Die statistische Auswertung erfolgte sowohl varianzanalytisch
als auch über schrittweise multiple Regression nach Vorwegabzug der Einflüsse von Alter, mütterlichem IQ und Geburtsgewicht. Nicht berücksichtigt wurde allerdings die
Schulbildung der Eltern, die signifikant negativ mit dem
Blutbleispiegel korrelierte. Die Autoren vergleichen ihre
Befunde mit Beeinträchtigungen, wie sie bei Kindern mit
minimaler cerebraler Dysfunktion gesehen wurden, und stellen fest, "daß die Auswirkung einer subklinischen Bleivergiftung im Einzelfall in der Kinderklinik übersehen werden kann, daß aber die Analyse der Gruppendaten recht klar
die Beeinträchtigung der Intelligenzleistungen erkennen
läßt" (S.620).

Zu einem ganz anderen Ergebnis kommt eine der Autorinnen
in einer Nachuntersuchung derselben Kinder nach 5 Jahren
(ERNHART et al.,1981). Die Kinder wurden zwei Gruppen zugeordnet, den Kontrollen mit PbB < 26 µg/dl und der Bleigruppe mit PbB-Werten von 27-49 µg/dl. Zusätzlich wurden
der Zahnbleigehalt (Ganzzahn) gemessen und FEP-Bestimmun-
gen durchgeführt (s. Kapitel 3.3 und 4.2). Als abhängige

Variablen wurde die Intelligenzleistung mit den Mc-Carthy-Skalen gemessen, ein standardisierter Lesetest durchgeführt, Lehrerurteile zum Aktivitätsverhalten mit der Connors-Skala (CONNORS, 1969) gewonnen, sowie die visuomotorische Integrationsleistung mit dem Bender-Gestalt-Test geprüft. Als Kontrollvariablen wurden elterlicher IQ, Schulbildung der Eltern und Geschlecht des Kindes berücksichtigt. Vor Berücksichtigung der Kontrollvariablen ergab sich eine größere Zahl signifikanter Bleiwirkungen, nach Berücksichtigung in multiplen Regressionsanalysen verblieben nur noch vier ($p < 0.05$) mit Varianzanteilen zwischen 5 und 8%, und zwar: Gesamt-IQ (General Cognition Index), Verbal-IQ (zwei Maße) und motorischer Leistungsindex. Aufgrund dieser Ergebnisse, insbesondere des dominierenden Einflusses der Kontrollvariablen der elterlichen Intelligenz, resümieren die Autoren: "... daß die wenigen signifikanten Ergebnisse dieser Studie auf die diesem Forschungsgegenstand inhärenten Schwierigkeiten zurückzuführen sind" und "... daß Wirkungen niedriger Bleibelastungen auf Verhalten und Intelligenz, falls überhaupt vorhanden, allenfalls minimal sind" (S.918). Diese radikale Schlußfolgerung ist als für die Ergebnisse zu weitreichend kritisiert worden (NEEDLEMAN et al., 1981).

Von den übrigen in diesen Tabellen aufgeführten Arbeiten fanden De la BURDÉ and CHOATE (1972; 1975), RUMMO (1974), sowie ALBERT et al. (1974) mehr oder weniger ausgeprägte neuropsychologische Beeinträchtigungen hoch bleibelasteter Kinder (PbB $>$ 60 µg/dl), die allerdings nicht immer statistisch gesichert waren, während KOTOK (1972), KOTOK et al. (1977), sowie BALOH et al. (1975) keine derartigen Effekte beobachteten.

| AUTOR(EN) | N / GRUPPE K=Kontrolle; Pb=Blei | ALTER (Jahre) | Pb-BLUT (µg/dl) | WIRKUNGSMAßE | ERGEBNISSE K=Kontrolle Pb=Blei | SIGNIFIKANZNIVEAU |
|---|---|---|---|---|---|---|
| KOTOK (1972) | K = 25 <br> Pb= 24 | $\bar{x}$ = 2.7 <br> $\bar{x}$ = 2.8 | 20- 55 <br> 58-137 | Denver Entwicklungs-Skala | K > Pb bei 1/3 aller Bereiche | p > 0.1 |
| KOTOK et al. (1977) | K = 36 <br> Pb= 31 | $\bar{x}$ = 3.6 <br> $\bar{x}$ = 3.6 | 11- 40 <br> 61-200 | IQ-Äquivalente folgender Bereiche: soziale Reife, Raumwahrnehmung, Wortschatz, Allgemeine Verständigung, Vis. Aufmerksamkeit, Gedächtnis | K=126   Pb=124 <br> K=101   Pb= 92 <br> K= 93   Pb= 92 <br> K= 96   Pb= 95 <br> K= 93   Pb= 90 <br> K=100   Pb= 93 | p > 0.1 <br> p < 0.1 · <br> p > 0.1 <br> p > 0.1 <br> p > 0.1 <br> p > 0.1 |
| DE LA BURDÉ & CHOATE (1972) | K = 72 <br> Pb= 70 | $\bar{x}$ = 4 <br> $\bar{x}$ = 4 | – | Stanford-Binet Andere Maße | K= 94   Pb= 89 <br> K > Pb b.3/4 Maßen | p < 0.05 <br> p < 0.01 |
| DE LA BURDÉ & CHOATE (1975) | K = 67 <br> Pb= 70 | $\bar{x}$ = 7 <br> $\bar{x}$ = 7 | wie oben (follow up) | WISC G-IQ <br> Neurologie <br> WISC u. andere Maße | K= 90   Pb= 87 <br> K > Pb <br> K > Pb b.9/10 M. | p < 0.01 <br> p < 0.01 <br> p < 0.01 |
| RUMMO (1974) | K =45 <br> $Pb_1$=15 <br> $Pb_2$=20 <br> $Pb_3$=10 | $\bar{x}$ =5.7 <br> $\bar{x}$ =5.5 <br> $\bar{x}$ =5.6 <br> $\bar{x}$ =5.3 | $\bar{x}$ = 23 <br> $\bar{x}$ = 61 <br> $\bar{x}$ = 68 <br> $\bar{x}$ = 88 | McCARTHY-Global <br> McCARTHY-Sub-Skalen | K= 93; $Pb_1$= 94; <br> $Pb_2$=88; $Pb_3$=77; <br> K+$Pb_1$ > $Pb_2$ > $Pb_3$ <br> in 5/5 Skalen | p < 0.01 (Kvs$Pb_3$) <br> sonst p > 0.1 <br> p < 0.01 (Kvs$Pb_3$) <br> sonst p > 0.1 |
| ALBERT et al. (1974) | 5 Gruppen: <br> I: Encephalopath. =3 <br> II: ohne E.=68 <br> III: Hoch PbB=25 <br> IV: Niedrig PbB Hoch Pb-Zahn =24 <br> V: K=3.9 | 9.7 <br> 9.0 <br> 9.0 <br> 8.5 <br> 9.7 | Md=110 <br> Md= 80 <br> Md= 70 <br> Md= 40 <br> Md= 40 | WISC G-IQ <br> Bender Gestalt <br> Purdue Pegboard |  I  II  III  IV  V <br> 77 96 92 104 99 <br> 67 84 79  96 86 <br> 7.0 1.7 1.5  1.3 1.9 | III gg v: p < 0.1 <br> I gg V: p < 0.01 <br> I gg V: p < 0.005 <br> – |
| BALOH et al. (1975) | K =27 <br> Pb =27 | 5.7 <br> 5.6 | $\bar{x}$ =24.6 <br> $\bar{x}$ =44.2 | WISC (WPPSI)[*] <br> G-IQ | K= 89.8; Pb=89.2 | p > 0.1 |
| PERINO & ERNHART (1974) | K =50 <br> Pb =30 | 3–6 <br> 3–6 | 10–30 <br> 40–70 | McCARTHY-Global <br> McCARTHY-Skalen | K= 90;   Pb= 80; <br> K > Pb f. verbale u. Wahrnehm.Test | p < 0.01 <br> p < 0.05 |
| ERNHART et al. (1981) | Follow up <br> K =31 <br> Pb =32 | 8–11 <br> 8–11 | $\bar{x}$ =21.3 <br> $\bar{x}$ =32.4 | McCARTHY-Global <br> McCARTHY-Sub-Skalen <br> (außerdem: Bender-Gestalt-Test; Lesetest) | K=93.9;   Pb=81.6 <br> K > Pb für 3/5   Skalen | p < 0.001 vor Korrektur <br> p > 0.1 nach Korrektur <br> (Geschlecht, IQ u. Schulabschluß der Eltern) |

[*] WECHSLER-Preschool Scale of Intelligence

Tabelle 5a: Klinikartige Studien an Kindern mit hohem Blutbleispiegel (PbB > 40µg/dl). Modifiziert nach Bornschein et al. (1980)

| AUTOR(EN) | N / GRUPPPE<br>K=Kontrolle; Pb=Blei;<br>HA="Hyperaktive" | ALTER<br>(Jahre)<br>$\bar{x}$ | 1) Pb-Blut $(\mu g/dl)$<br>2) Pb-Zahn (ppm)<br>3) Pb-Haar (ppm) | WIRKUNGSMAßE | ERGEBNISSE<br>K=Kontrolle<br>Pb=Blei | SIGNIFIKANZNIVEAU |
|---|---|---|---|---|---|---|
| DAVID et al. (1972) | I=54 (HA unbekannter Ätiologie)<br>II=9 (HA; Pb-Ätiologie unwahrscheinlich)<br>III=11 (HA; andere als Pb-Ätiologie möglich)<br>IV=8 (Pb-Vergiftung)<br>V=37 (K) | 7.8<br><br>7.3<br><br>7.7<br><br><br>7.3<br>7.6 | $\bar{x}=26.2^{1)}$<br><br>$\bar{x}=22.9$<br><br>$\bar{x}=29.9$<br><br><br>$\bar{x}=41.1$<br>$\bar{x}=22.2$ | CONNORS-Skala(Lehrer)<br>WERRY-WEISS-PETERS (Eltern)<br>ärztliche Diagnose | PbB-Vergleich<br><br>K (V) gg I<br>K (V) gg II<br>K (V) gg III<br>K (V) gg IV | $p<0.01$<br>$p>0.1$<br>$p<0.01$<br>$p<0.001$ |
| DAVID et al. (1977) | I=41 (wie oben)<br>II=12 (wie oben)<br>III=31 (wie oben) | 8.1<br>7.3<br>8.9 | $\bar{x}=24.7^{1)}$<br>$\bar{x}=26.3$<br>$\bar{x}=20.3$ | CONNORS-Skala<br>WERRY-WEISS-PETERS | I gg II/III | $p>0.1$ |
| DAVID et al. (1976) | Geistig Behinderte=GB<br>I=31 (GB; unbekannte Ätiologie)<br>II=33 (GB; Pb-Ätiologie unwahrscheinlich)<br>III=30 (K) | <br>7.4<br><br>7.3<br><br>7.9 | <br>$\bar{x}=25.5^{1)}$<br><br>$\bar{x}=18.7$<br><br>$\bar{x}=18.8$ | Standard IQ-Test zur Klassifikation | PbB-Vergleich<br><br>III gg I | <br><br>$p<0.01$ |
| BEATTIE et al. (1975) | Geistig Behinderte=GB<br>GB=77<br>K=77 | <br>4.1<br>4.1 | <br>$\bar{x}=25.4^{1)}$<br>$\bar{x}=17.8$ | GRIFFITH-Skala<br>Stanford-Binet zur Diagnose<br>IQ 70=GB | Bleigehalt in Trinkwasser bei GB höher | nicht angegeben |
| MOORE et al. (1977) | GB=41<br>K=36 | 4.1<br>4.1 | $\bar{x}=25.2^{1)}$<br>$\bar{x}=20.7$ | wie oben zur Diagnose | PbB aus PKU$^{a)}$ Karten bei GB höher | $p<0.05$ |
| YOUROUKOS et al. (1978) | I=60 (GB unbekannter Ätiologie)<br>II=30 (GB unbekannter Ätiologie)<br>III=30 (K) | 8.4<br><br>8.5<br><br>8.4 | $\bar{x}=30.1^{1)}$<br><br>$\bar{x}=20.9$<br><br>$\bar{x}=20.8$ | – | PbB-Vergleich<br><br>I II/III | <br><br>$p<0.001$ |
| PINCHIN et al. (1978) | GB=9<br>K=18 | 11.5<br>7.3<br><br>. | $\bar{x}=4.4^{2)}$ | Klinische Diagnosen: Mongolismus Spina bifida Epilepsie | Bleigehalt in verschiedenen Typen von Milch- und bleibenden Zähnen | $p>0.1$ |
| PIHL and PARKES (1977) | Lernbehinderte=LB<br>LB=31<br>K=22 | <br>11.4<br>11.5 | <br>$\bar{x}=23^{3)}$<br>$\bar{x}=4$ | PEABODY-Test Lehrer-Urteil z.Klassifikat | Pb im Haar (dto. Cd,CO,Li,Mn,Cr) bei LB-Kindern höher) | $p<0.001$ |
| HANSEN et al. (1980) | MCD$^{b)}$=20<br>K=20 | 5-10<br>5-10 | $\bar{x}=13.9^{3)}$<br>$\bar{x}=6.9$ | Diagnostische MCD-Kriterien (z.B. niedr. Gesamt-IQ,Hyperkinese, Lernbehind.) | Pb-Haar höher bei MCD-Kindern | $p<0.005$ |
| a) Phenylketonurie;   b) Minimale cerebrale Dysfunktion | | | | | | |

Tabelle 5b: Retrospektiv orientierte Stadien (nach Bornschein et al., 1980)

| AUTOR(EN) | N / GRUPPE<br>K=Kontrolle; Pb=Blei | ALTER<br>(Jahre) | Pb-BLUT<br>($\mu g$/dl) | WIRKUNGSMAßE | ERGEBNISSE | SIGNIFIKANZ-<br>NIVEAU |
|---|---|---|---|---|---|---|
| PUESCHEL<br>et al.<br>(1972) | Pb = 35 | ? | $> 40$ | Stanford-Binet | $\Delta$ IQ=8 (1/2 Jahre<br>nach Pb-Aus-<br>schwemmung) | ? |
| FEJERMAN<br>et al.<br>(1973) | Pb = 5<br>Lennox-Syndrom | ? | 17-40 | EEG, Neurologie | Verbesserung der<br>Symptome nach<br>Pb-Ausschwemmung | ? |
| DAVID et<br>al. (1976) | Hyperaktive = HA<br>I) 7 HA (unbekannter<br>Ätiologie)<br>II) 6 HA (Pb-Ätiolo-<br>gie=unwahrschein-<br>lich) | 8.2 | 29.2<br><br>22.5 | HA-Beurteilung<br>durch:<br>CONNORS-Sk. (Lehrer)<br>CONNORS-Sk. (Eltern)<br>WERRY-WEIS-PETERS-<br>Skala | nach Pb-Aus-<br>schwemmung:<br>I      II<br>$+\Delta 0.7$  $-\Delta 0.2$<br>$+\Delta 1.1$  $+\Delta 0.3$<br>$+\Delta 1.7$  $+\Delta 1.1$ | $p < 0.05$<br>$p < 0.05$<br>$p > 0.1$ |
| SACHS et<br>al. (1978) | K = 45 ⟩ Geschwister<br>Pb= 47 ⟋ | 9.7<br>8.4 | $< 40$<br>50-375 | WISC/WPPSI<br>Stanford-Binet<br>  V-IQ<br>  H-IQ<br>  G-IQ<br>Raven-Matrizen | K=88   Pb=87<br>K=87   Pb=90<br>K=85   Pb=87<br>K=30   Pb=36 | $\Big\}\ p > 0.1$ |

Tabelle 5c: Veränderung neuropsychologischer Parameter nach Pb-Ausschwemmungs-Therapie mit Komplexbildnern

| AUTOR(EN) | N / GRUPPE<br>K=Kontrolle<br>Pb=Blei | ALTER<br>(Jahre) | Pb-Blut<br>(µg/dl) | WIRKUNGSMAßE | ERGEBNISSE<br>K=Kontrolle<br>Pb=Blei | SIGNIFIKANZNIVEAU |
|---|---|---|---|---|---|---|
| LANSDOWN<br>et al.<br>(1974) | K = 172<br>Pb= 243 | 6-16<br>6-16 | $<40$<br>$>40$ | WISC/WAIS[a] | K = 100<br>Pb= 101-105 | $p > 0.1$ |
| LANDRIGAN<br>et al.<br>(1975) | K = 46<br>Pb= 78 | 3-15<br>3-15 | $<40$<br>40-68 | WISC[a] F-IQ<br>WPPSI[b] F-IQ<br>WISC + WPPSI<br>WISC/WPPSI-Untertests<br><br>Neurolog.Tests | K=93  Pb=89<br>K=91  Pb=86<br>K=93  Pb=88<br>K > Pb b.13/14<br>Skalen<br>K > Pb b.4/4<br>Skalen | $p < 0.1$<br>$p < 0.1$<br>$p < 0.01$<br>$p < 0.01$<br><br>$p < 0.001$ |
| McNEIL et<br>al.(1975) | K=26-101<br>Pb=26-101 | 0.9-18<br>0.9-18 | $<40$<br>$>40$ | McCARTHY-Global<br>WISC/WAIS[a] G-IQ<br>OSERETSKY-Skala<br>FROSTIG-Skala | K=82  Pb=81<br>K=89  Pb=87<br>K=101 Pb=97<br>K=100 Pb=102 | $p > 0.1$<br>$p > 0.1$<br>$p > 0.1$<br>$p > 0.1$ |
| GREGORY et<br>al.(1976) | $K_1$ = 54<br>$Pb_1$ = 54<br>$K_2$ = 50*<br>$Pb_2$ = 50*<br><br>*=neu zusam-<br>mengestellt | $\bar{x}$ =7.3<br>$\bar{x}$ =7.3<br>$\bar{x}$ =7.4<br>$\bar{x}$ =7.3 | $\bar{x}$=27.9<br>$\bar{x}$=61.5<br>$\bar{x}$=30.2<br>$\bar{x}$=58.9 | WISC  V-IQ<br>H-IQ<br>G-IQ<br>WISC  V-IQ<br>H-IQ<br>G-IQ | K=93.2;Pb=92.0<br>K=98.7;Pb=97.2<br>K=95.5;Pb=93.9<br>K=96.4;Pb=91.9<br>K=100.9;Pb=95.9<br>K=98.4;Pb=93.2 | $p > 0.1$<br><br>$p < 0.05$ |
| RATCLIFFE<br>(1977) | K = 23<br>Pb=24 | $\bar{x}$ =4.7<br>$\bar{x}$ =4.8 | $\bar{x}$=28.2<br>$\bar{x}$=44.4 | GRIFFITHS-Skalen<br>FROSTIG-Skalen<br>Pegboard-Test | K=101-111;Pb=97-107<br>K= 14.3   Pb= 11.8<br>K= 17.5   Pb= 17.3 | $p > 0.1$ |
| YULE et al.<br>(1981) | Total 166 | 6-12 | $\bar{x}$=13.5<br>(7-32) | WISC  V-IQ<br>H-IQ<br>G-IQ<br>Rechen-Test<br>Rechtschreib-Test<br>Lese-Test | K=101.5  Pb=93.9<br>K=105.1  Pb=98.8<br>K=103.3  Pb=95.7<br>K= 96.8  Pb=94.5<br>K=121.4  Pb=89.2<br>K=117.2  Pb=87.8 | $p < 0.05$<br>$p > 0.1$<br>$p < 0.05$<br>$p > 0.1$<br>$p < 0.001$<br>$p < 0.001$ |

[a] WISC = Wechsler-Intelligence Scale for Children; WAIS = Wechsler Adult Intelligence Scale;
[b] WPPSI = Wechsler Preschool Scale of Intelligence

Tabelle 5 d: Untersuchungen an Kindern aus der Nachbarschaft von Bleischmelzen bzw. Pb-verarbeitenden Betrieben (nach Bornschein et al., 1980)

| AUTOR(EN) | N / GRUPPE<br>K=Kontrolle<br>Pb=Blei | ALTER<br>(Jahre) | Pb-Zahn<br>(µg/dl) | WIRKUNGSMAßE | ERGEBNISSE<br>K | Pb | SIGNIFIKANZNIVEAU |
|---|---|---|---|---|---|---|---|
| NEEDLEMAN<br>et al.<br>(1979) | K=100 (23.8)*<br>Pb=58 (35.5)* | –<br>– | $< 10$<br>$> 10$ | WISC  V-IQ<br>H-IQ<br>G-IQ<br>Seashore-Test<br>Reaktionszeit:<br>3s<br>12s  Verzö-<br>12s  gerung<br>3s | 103.9<br>108.7<br>106.6<br>21.6<br><br>350ms<br>410ms<br>410ms<br>380ms | 99.3<br>104.9<br>102.1<br>19.4<br><br>370ms<br>470ms<br>480ms<br>410ms | $p < 0.05$<br>$p < 0.1$<br>$p < 0.05$<br>$p < 0.005$<br><br>$p > 0.1$<br>$p < 0.001$<br>$p < 0.001$<br>$p < 0.01$ |

* PbB µg Pb/dl

Tabelle 5 e:  Zahnblei-Studie (modifiziert nach Bornschein et al., 1980)

Die in Tabelle 5b zusammengefaßten Arbeiten repräsentieren
den retrospektiven Ansatz. Hierbei werden Gruppen von
Kindern, nach der erwarteten neuropsychologischen Bleiwirkung ausgewählt, und bezüglich ihrer Bleiwerte in verschiedenen biologischen Materialien mit sonst unauffälligen Kontrollen verglichen. Typische Beispiele sind die
Arbeiten von PIHL and PARKS (1977) über Haar-Element-Ana-
lysen (Pb, Cd, Cr, Mg, Ni) an lernschwachen und normalen
Kindern, von HANSEN et al. (1980) über den Haarbleigehalt
von Kindern mit und ohne minimale cerebrale Dysfunktion,
von PINCHIN et al. (1978) über den Zahnbleigehalt und von
YOUROUKOS et al. (1978) über den Blutbleispiegel geistig
retardierter Kinder.

Besonderes Interesse haben die Arbeiten von DAVID et al.
(1972; 1977) über den Blutbleispiegel bei verschiedenen
Gruppen hyperaktiver (HA) Kinder einer New Yorker Kinderklinik gefunden. Die HA-Klassifikation erfolgte aufgrund
der ärztlichen Diagnose sowie auf der Basis von Lehrer-
und Elternbeurteilung. In der frühen Arbeit wurden folgende fünf Gruppen unterschieden: a) "rein" hyperaktive
Kinder, b) hyperaktive Kinder mit "sehr wahrscheinlicher"
Ursache für die Verhaltensauffälligkeit, c) hyperaktive
Kinder mit "wahrscheinlicher" Ursache für die Verhaltensauffälligkeit, d) HA-Kinder mit Bleivergiftung, sowie
e) verhaltensunauffällige Kontrollen.

Die Gruppen a, b und d hatten signifikant ($p < 0.01$) höhere
Bleikonzentrationen im Blut, und im Urin nach d-Penicillamin-
Provokation. Diese Ergebnisse wurden in einer Folgestudie
an größeren Stichproben im wesentlichen bestätigt (DAVID
et al.,1977). Es wird der Schluß gezogen, daß zwischen
mäßig erhöhter Bleiresorption und Hyperaktivität ein Zusammenhang besteht, mit Blei als wahrscheinlicher Ursache.

Aus verschiedenen Gründen sind diese Untersuchungen wenig aussagekräftig (RUTTER, 1980; BORNSCHEIN et al., 1980):

1. die nosologische Validität der breiten diagnostischen Kategorie des Hyperaktivitätssyndroms ist umstritten, und die Angaben zur Operationalisierung bleiben weitgehend unklar;
2. die Unterschiede im Blutbleispiegel zwischen den Gruppen (d ausgenommen) waren gering;
3. es fehlen Angaben zur Gruppenvergleichbarkeit in soziodemographischer Hinsicht;
4. Schlußfolgerungen zur Verursachungsrichtung oder über eine mögliche Abhängigkeit von Bleibelastung und Symptomatik von einer dritten Variablen sind bei dem gewählten Ansatz nicht möglich.

Ein Zusammenhang zwischen Bleiexposition im Kindesalter und HA-Symptomatik wird somit durch die Arbeiten von DAVID et al. (1972; 1976) nicht gestützt. Tatsächlich hat eine neuere Arbeit (MILAR et al., 1981) auch im experimentellen Ansatz einen solchen Zusammenhang nicht herstellen können. Verglichen wurden 48 Kontrollen mit niedrigem PbB ($\bar{x}$=20.9) und 40 Bleikinder ($\bar{x}$=42 µg/dl). Weder durch objektive Beobachtungen im Freifeld (lokomotorische Hyperkinese) noch mit der Connors- bzw. der Werry-Weiß-Peters-Skala (Eltern-Urteil) konnte eine Aktivitätserhöhung der Bleikinder nachgewiesen werden.

Ähnliche methodische Bedenken wie für die Studien zur HA-Symptomatik, insbesondere hinsichtlich der Verursachungsrichtung, gelten auch für die von DAVID et al.(1976) nach dem gleichen Versuchsgruppenschema durchgeführten Untersuchungen über Zusammenhänge zwischen Intelligenzretardierung und kindlicher Bleibelastung. Auch hier bleibt vom Ansatz her unklar, ob das Defizit (z.B. über Pica-Verhalten; s. Kapitel 3.2) die erhöhte Bleiresorption, oder ob die erhöhte Bleiaufnahme die Retardierung bewirkt.

In dieser Hinsicht eindeutiger sind die in Glasgow durchgeführten Studien, bei denen entweder der Bleigehalt im
Trinkwasser der Wohnung, die die Mutter in der Schwangerschaft bewohnt hatte (BEATTIE et al.,1975) oder im Trok-
kenblut der bei Geburt angelegten Phenylketonurie (PKU)-
Testkarten (MOORE et al.,1977) bestimmt wurden. In beiden
Fällen war der Bleigehalt geistig zurückgebliebener Kinder signifikant höher als bei sonst vergleichbaren Kontroll-
kindern. Die Pb-Analytik aus PKU-Karten ist jedoch proble-
matisch (MOORE, 1980; persönliche Mitteilung).

Wenn man zeigen könnte, daß eine Absenkung des Bleispiegels
im Blut durch therapeutische Intervention mit Chelatbild-
nern (s. Kapitel 3.3) oder durch Aufenthalt in Reizklimata
(EINBRODT et al., 1976) mit einem Rückgang neuropsychologischer Störungen einherginge, so wäre dies ein wichtiger
Hinweis auf die ursächliche Rolle des Bleis für das Entstehen solcher Störungen. Die in Tabelle 5c aufgeführten
Arbeiten repräsentieren diesen Ansatz.

Besonders originell erscheint die Studie von SACHS et al.
(1978), da hier durch innerfamiliäre Vergleiche konfundierende Einflüsse genetischer und soziokultureller Art gut
kontrolliert erscheinen. Die Bleigruppe (n=47) setzte sich
aus Kindern zusammen, die im Durchschnittsalter von 2 1/2
Jahren mit PbB-Werten von 50-375 µg/dl wegen Bleivergiftung
mit Komplexbildnern therapiert worden waren, während als
Kontrollen deren altersmäßig vergleichbare, aber im Durchschnitt ca. 1 Jahr ältere Geschwister ohne Vergiftungs-
symptome dienten. Deren PbB war zum Zeitpunkt der neuropsychologischen Untersuchungen <40 µg/dl. Die Intelligenz-
messung ergab nur geringe, nicht signifikante Unterschiede
zugunsten der Kontrollen. Berücksichtigt man allerdings die
bekannt hohen Korrelationen der biologischen Belastungsin-

dikatoren von Geschwistern (EWERS et al.,1982; s. Kapitel
3.3), so ist von einer ähnlichen Expositionsgeschichte
beider Gruppen auszugehen. Somit ist diese Studie im Hinblick auf die oben formulierte Hypothese wenig aussagekräftig.

Dies trifft wegen zu geringer Fallzahlen (DAVID et al.,
1976; FEJERMAN et al.,1973) oder Fehlens einer Kontrollgruppe bzw. einer zuverlässigen baseline-Bestimmung
(PUESCHEL et al.,1972) auch auf die übrigen in Tabelle 5c
genannten Arbeiten zu.

Tabelle 5d enthält Untersuchungen an Kindern aus der Umgebung von Bleihütten. Der besondere Wert derartiger Studien ist theoretisch darin zu sehen, daß wegen der spezifischen Emissionsverhältnisse derartiger Betriebe eine
relativ gleichförmige Expositionsgeschichte der dort lebenden Kinder unterstellt werden kann. In diesem Falle
wäre auch noch die nur einmalige Bestimmung des Blutbleispiegels als zeitlich vertretbar repräsentatives Belastungsmaß anzusehen. In der Praxis hat sich allerdings dieser
theoretische Vorteil wegen der starken räumlichen Differen-
zierung in der Nähe solcher Betriebe (MAGS, 1975; EWERS
et al.,1982) als wenig brauchbar erwiesen, was auch die
Uneinheitlichkeit der Ergebnisse der in Tabelle 5d aufgeführten Studien belegt. Typische Beispiele hierfür sind
zwei in der Nachbarschaft einer Bleihütte in El Paso
(Texas) durchgeführte Untersuchungen (LANDRIGAN et al.,
1975; McNEIL et al.,1975).

LANDRIGAN et al.(1975) untersuchten 46 Kinder mit relativ
niedrigen ( < 40 µg/dl) und 78 asymptomatische Kinder mit
hohen (40-68 µg/dl) Blutbleispiegeln in der Umgebung einer
Bleihütte. Die Gruppen waren hinsichtlich Alter, sozio-
ökonomischem Status, Geschlecht, Wohndauer, Entfernung
zur Hütte und Pica-Verhalten vergleichbar. Es fanden sich

keine Unterschiede hinsichtlich Verbal-IQ (WISC oder WPPSI),
Hyperaktivitätsbeurteilung der Eltern, Verhaltensbeurteilung durch die untersuchenden Psychologen, oder der Leistung
im Bender-Gestalt-Test. Jedoch waren der Handlungs-IQ
(95:103) und der Gesamt-IQ (88:93), sowie das maximale
Klopftempo (tapping) in der Bleigruppe signifikant ($p < 0.01$)
erniedrigt.

Eine an Kindern in der Nachbarschaft deselben Bleihütte,
aber unabhängig von LANDRIGAN et al. durchgeführten Studie
kam zu völlig anderen Ergebnissen (McNEIL et al.,1975).
Verglichen wurden 138 Bleikinder aus hüttennahen Wohngebieten ($\bar{x}=50$ µg/dl) mit 152 Kontrollen ($\bar{x}= 20$ µg/dl) aus
hüttenfernen Wohngebieten. Beide Gruppen waren vergleichbar hinsichtlich Alter, Geschlecht und ethnischer Zusam-
mensetzung, jedoch war das Familieneinkommen und die Pica-
Prävalenz der Kontrollen höher. Es fanden sich keine signifikanten Gruppenunterschiede hinsichtlich der Gesamtin-
telligenz (McCarthy-Skala, WISC, WAIS), der motorischen
Entwicklung (Lincoln-Oseretzky-Skala), der Wahrnehmungs-
Entwicklung (Frostig-Test), sowie verschiedener Hyperak-
tivitätsbeurteilungen.

Da beide Untersuchungen an Kindern desselben Belastungs-
gebietes durchgeführt wurden, beide, trotz unterschiedlicher Auswahl der Kontrollen, eine im Rahmen des epidemiologisch Möglichen befriedigende Vergleichbarkeit der
Untersuchungsgruppen hinsichtlich relevanter Randbedingungen erreicht haben (RUTTER, 1980), lassen sich aus
ihren widersprüchlichen Ergebnissen keine Rückschlüsse
für oder gegen die Hypothese ziehen, daß eine lediglich
erhöhte, asymptomatische Bleibelastung zu neuropsychologischen Beeinträchtigungen führt (EPA, 1977).

Interessant ist ferner eine neuere Arbeit von YULE et al.
(1981) an 166 Kindern aus der Umgebung einer Bleifabrik in

Greenwich (London), die im Rahmen des Überwachungsprogramms
der Europäischen Gemeinschaften in Jahre 1979 hinsichtlich
ihres Blutbleispiegels untersucht worden waren: Der Werte-
bereich erstreckte sich von 7 bis 32 µg/dl. Eine grobe
Kontrolle des sozio-ökonomischen Status erfolgte nach einer
fünfstufigen Skala auf der Grundlage des Berufsgruppen-
status des Vaters. Die statistische Auswertung mittels
multipler Regressionsanalyse ergab nach Ausschaltung des
sozio-ökonomischen Status einen signifikanten Bleieffekt
für zwei standardisierte Schulleistungstests (Lesen, Rech-
nen) sowie für den Gesamt-IQ und den Verbal-IQ des WISC.
Bei Aufteilung der Gesamtgruppe in zwei Subgruppen $\leq 12$ µg/
dl und 13-32 µg/dl ergab sich ein IQ-Unterschied von 7
Punkten zu Lasten der Kinder mit erhöhten Bleiwerten. Die
Autoren interpretieren ihre Pilot-Befunde sehr vorsichtig
und weisen besonders auf die unzureichende Kontrolle sozialer Faktoren hin.

Von den übrigen in Tabelle 5d aufgeführten Arbeiten fanden
LANSDOWN et al. (1974) weder signifikante noch tendentielle
Unterschiede zu Lasten der Bleikinder, während RATCLIFFE
(1977) sowie GREGORY et al. (1976) zwar keine statistisch
gesicherten, aber doch konsistent schlechtere Leistungen
der Bleikinder in verschiedenen neuropsychologischen Bereichen fanden.

Tabelle 5e enthält lediglich eine einzige Arbeit (NEEDLE-
MAN et al.,1979), die sich von den bisher behandelten
dadurch unterschiedet, daß als unabhängige Variable ausschließlich der Zahnbleigehalt, genauer der Bleigehalt
im Dentin, als Belastungsindikator verwendet wurde (s.
Kapitel 3.3).

Im Dentin der Milchzähne von 2335 Erst- und Zweitklässlern
der Stadt Boston wurde der Bleigehalt als Maß der langfristig kumulativen Bleiresorption bestimmt, und Extrem-

gruppen von Kindern > 20 µg Pb/g (n=58) und < 10 µg Pb/g
(n=100) neuropsychologisch mit einer umfangreichen Testbatterie untersucht. Aufgrund einer fünf Jahre zurückliegenden Blut-Bleibestimmung einiger Extremgruppen-
Kinder ergaben sich als Mittelwerte 35.5 µg/dl (18-54 ug/
dl) für die Hoch- und 23.8 µg/dl (12-37 µg/dl) für die
Niedriggruppe. Aus 39 Störvariablen wurden folgende fünf
als zwischen den Gruppen differenzierend berücksichtigt:
Zahl der Schwangerschaften, elterlicher IQ, Alter der
Mutter bei Geburt, sozio-ökonomischer Status (SÖS) des
Vaters und Schulbildung der Mutter. Pica-Verhalten, obwohl in der Hochgruppe signifikant erhöht (29%:11%), wurde
nicht berücksichtigt. Nach Ausschluß dieser Störvariablen,
ohne Pica, ergaben sich signifikante Leistungsdefizite der
Hochgruppe für Gesamt-IQ und Verbal-IQ (WISC), Reaktionszeiten mit variabler Vorwarnzeit, Rhythmusgefühl (Seashore-
Test), sowie Sprachbeherrschung.

Neben der testpsychologischen Untersuchung der Extremgruppen
lagen Lehrerurteile über verschiedene Aspekte schulischen
Verhaltens für 2146 Kinder vor. Nach Aufspaltung der Zahnbleiwerte in 6 Unterklassen ergaben sich fast durchgängig
deutliche Dosis-Wirkungsbeziehungen, insbesondere für die
Merkmale Ablenkbarkeit, Unselbständigkeit, Unordentlich-
keit, sowie allgemeine schulische Leistungsschwäche. Allerdings wurden bei dieser deskriptiven Betrachtung Störvariablen nicht berücksichtigt.

Die NEEDLEMAN-Studie stellt wegen der umfangreichen Ausgangsstichprobe und der Gründlichkeit, mit der eine große
Zahl wichtiger Störgrößen kontrolliert wurde, sowie wegen
der Verwendung des Zahnbleigehaltes als eines Maßes der
langfristigen Bleibelastung, die bislang wohl überzeugend-
ste Untersuchung in der Erforschung von Zusammenhängen
zwischen asymptomatischer Bleibelastung im Kindesalter
und neuropsychologischen Störungen dar. Dennoch zeigt auch

sie Schwächen, die ihre Beweiskraft mindern (RUTTER, 1980):

1. Die Dosis-Wirkungsbeziehungen für Verhaltensauffälligkeiten im Klassenzimmer sind mit unkontrollierten Störgrößen sozio-demographischer Art konfundiert und somit
   nur bedingt als Hinweis auf die Bleibedingtheit der
   Symptome anzusehen;

2. da im Versuchsansatz eine Mittelgruppe fehlte, entfiel
   die Möglichkeit, durch Nachweis von Dosis-Wirkungsbeziehungen für die psychodiagnostischen Parameter die
   Plausibilität der Befunde zu erhöhen;

3. Pica-Verhalten, das in der Hochgruppe signifikant erhöht war, wurde nicht als Kovariate benutzt. Dieser
   Mangel verunsichert die gefundenen IQ-Differenzen und
   eröffnet die Möglichkeit, daß sowohl das Pica-Verhalten
   als auch erhöhte Bleiresorption unabhängig voneinander
   mit IQ-Defiziten assoziiert sind;

4. außerdem bietet die Arbeit keinen Ansatz, um das Ausmaß
   der beobachteten Effekte im Wirkungsgefüge anderer Einflußgrößen z.B. sozio-kultureller Faktoren, in seinem
   Stellenwert beurteilen zu können.

Wegen der Bedeutung der Fragestellung und der, ungeachtet
ihrer Vorzüge erkennbaren Schwächen der NEEDLEMAN-Studie,
betont RUTTER (1980) die Notwendigkeit der unabhängigen
Replikation ihrer Befunde.

4.4  Schlußfolgerungen aus vorliegenden neuroepidemiolo-
     gischen Studien über asymptomatische Bleiwirkung bei
     Kindern

Daß hohe Bleiexpositionen mit Blutbleispiegeln von > 100
µg/dl im Kindesalter mit häufig letalen Enzephalopathien
und, im Überlebensfalle, mit irreversiblen neurologischen
und neuropsychologischen Spätfolgen verbunden sein können,
ist nach klinischer Erfahrung gesichert (s. Kapitel 4.3.2.1).

Strittig dagegen ist, ob schon eine lediglich erhöhte Bleibelastung im Kindesalter, die chronisch asymptomatisch bleibt,
zu geringgradigen neuropsychologischen Beeinträchtigungen
führen kann, die mit psychodiagnostischen Testverfahren und
standardisierten Verhaltenbeurteilungen als Normabweichun-
gen faßbar sind.

Die in den Tabellen 5a-e zusammengefaßten Arbeiten, wie auch
die ausführlichere Darstellung einiger exemplarischer Studien,
zeigen ein uneinheitliches Bild, sowohl hinsichtlich der Definition der Belastungsgruppe als auch wirkungsseitig, das
eine klare Antwort auf die oben gestellte Frage nicht zuläßt.
Vielmehr ist festzustellen, daß nach jetzt über einem Jahr-
zehnt neuroepidemiologischer Forschung mit zunehmend verbes-
serten Versuchsansätzen ein wissenschaftlich überzeugender
Beweis für das Auftreten neuropsychologischer Defizite bei
umweltbedingter, asymptomatischer Bleibelastung von Kindern
nicht erbracht ist. Zwar liegen, gerade aus neuerer Zeit,
interessante Hinweise auf Zusammenhänge vor, jedoch bleiben
zentrale Fragen offen.

Die Gründe hierfür lassen sich wie folgt zusammenfassen:

1. Da ist zunächst das Problem konkurrierender Einflußgrößen zu nennen. Wir wissen beispielsweise, daß der
   sozio-ökonomische Status (SÖS) einer Familie, in den
   Einkommen, Schulbildung und Berufsstatus des Vaters
   eingehen (SCHEUCH, 1961), sowohl deren kulturelles
   und intellektuelles Klima, sowie insbesondere auch
   deren Erziehungsstil prägt, als auch tendentiell über
   die Wohngegend und die häusliche und körperliche Hygiene  das Expositionsrisiko für Blei beeinflußt. Immerhin waren z.B. 84% der von PERLSTEIN and ATTALA (1966)
   nachuntersuchten, bleivergifteten Kinder Farbige, bei
   nur 10% Anteil an der Gesamtbevölkerung. Auf die negative Korrelation zwischen Familieneinkommen und
   durchschnittlichem Blutbleispiegel war bereits im Zu-

sammenhang mit Tabelle 2 (S. 20) hingewiesen worden. Es
kommt hinzu, daß das Interaktionsgefüge der Faktoren, die
die kognitive Entwicklung eines Kindes beeinflussen, in
recht komplexer Weise mit dem Expositionsrisiko für Blei
zusammenhängen dürfte: So konnten MILAR et al. (1980)
zeigen, daß bei Kleinkindern (Durchschnittsalter 18 Monate) mit hohem PbB gegenüber solchen mit niedrigem PbB
sowohl die mütterliche Intelligenz als auch der Grad
ihrer verbalen und emotionalen Zuwendung zum Kind, erfaßt mit dem HOME-Inventar (CALDWELL, 1975), SÖS-unab-
hängig signifikant reduziert waren. Bei älteren Kindern
(Durchschnittsalter 46 Monate) war dies nicht der Fall.
Vielfältige Überlagerungsmöglichkeiten durch die genannten Einflußfaktoren, bei mutmaßlich eher schwacher Bleiwirkung, machen die uneinheitlichen Ergebnisse verschiedener neuroepidemiologischer Untersuchungen verständlich.

2. Weiterhin stellt sich die Frage nach den Ursache-Wirkungs-
Verhältnissen bei vielen Untersuchungen mit besonderer
Schärfe. Vielfach ist nach dem gewählten Ansatz einfach
nicht zu entscheiden, ob die erhöhte Bleiresorption die
kognitive Leistungsminderung bzw. die Verhaltensauffälligkeit verursacht hat, oder aber, ob nicht vielmehr z.B.
das mit bestimmten Formen mentaler Retardierung assoziierte Pica-Verhalten die PbB-Erhöhung zur Folge gehabt haben
kann. Dieses Argument gilt besonders für einige retrospektiv angelegte Untersuchungen (z.B. DAVID et al.,
1972; 1977). Andererseits gilt aber auch, daß verschiedene Studien, in denen entweder das Pica-Verhalten kontrolliert wurde (LANDRIGAN et al.,1975; PERINO and ERN-
HART, 1974) oder aber die pränatale bzw. perinatale Bleiexposition durch Trinkwasser- bzw. PKU-Blutanalysen erfaßt wurde (BEATTIE et al.,1975; MOORE et al.,1977), die
generelle Tragfähigkeit dieses Argumentes abschwächen.

3. Schließlich ist noch besonders nachdrücklich darauf hinzuweisen, daß die nur ein- oder zweimalige PbB-Bestimmung,

wie sie in den meisten Untersuchungen vorgenommen wird,
ein völlig unzureichendes Protokoll der langfristigen
Expositionsgeschichte eines Kindes darstellt, da der
Blutbleispiegel wegen der Halbwertzeit von nur 20-30
Tagen (s. Kapitel 3.1.2) lediglich die momentane bzw.
die kurzfristig zurückliegende Exposition widerspiegelt.
Die Bestimmung des Bleigehaltes in den Milchzähnen, als
eines Maßes der langfristigen kumulativen Bleiresorption
eines Kindes von der noch pränatal erfolgten Zahnanlage
bis zu ihrem Ausfall zwischen dem 6. und 8. Lebensjahr
(Milchschneidezähne), ist in dieser Hinsicht als ange-
messener anzusehen (EWERS und BROCKHAUS, 1977). Die wis-
senschaftliche Ausbeute der Untersuchung von NEEDLEMAN
et al. (1979) ist als Beleg für die prinzipielle Rich-
tigkeit dieser Aussage zu werten. Die ebenso unüber-
sehbaren Schwächen dieser Untersuchung machen im Interesse
einer weiteren Klärung des hier zur Diskussion stehenden
Fragenkomplexes weiterführende Untersuchungen erforderlich.
Unsere eigenen, z.T. vor Veröffentlichung der NEEDLEMAN-
Studie geplanten und realisierten, neuropsychologischen
Untersuchungen an bleiexponierten Kindern, sind in diesem Rahmen zu sehen. Sie sind mehr als nur ein Replika-
tionsversuch, da sie einerseits das Wirkungsspektrum er-
weitern, und zum anderen durch einen teilweise geänderten
Versuchsplan sowohl zur Frage etwaiger Dosis-Wirkungsbeziehungen wie auch zum Problem der Einordnung der beobachteten Bleiwirkung in den Bezugsrahmen anderer, insbesondere sozio-familiärer Wirkungsfaktoren, Aussagen zulassen.

Die Frage nach den Ursache-Wirkungsverhältnissen läßt sich
allerdings auch in unseren neuroepidemiologischen Studien
nicht abschließend beantworten. In dieser Problematik ist
der Stellenwert unserer verhaltenstoxikologischen Experimente
zu sehen, die später dargestellt und diskutiert werden.

5. Zentralnervöse Bleiwirkungen bei Kindern anhand
   epidemiologischer Daten: Eigene Untersuchungen

In zwei unabhängigen Untersuchungen haben wir zwischen 1977
und 1981 versucht, die Frage nach dem Zusammenhang von um-
weltbedingt erhöhter Bleiresorption im Kindesalter und
neuropsychologischen Beeinträchtigungen anzugehen. Die
erste Untersuchung war als Orientierungsstudie angelegt.
In ihr sollte im Extremgruppenvergleich die Plausibilität der in der Literatur mitgeteilten Befunde geprüft,
sowie die zum Nachweis etwaiger Bleiwirkungen bestge-
eigneten Funktionsbereiche und Wirkungsparameter identi-
fiziert werden. Diese Untersuchung wurde an unspezifisch
bleiexponierten Schulkindern der Stadt Duisburg durchgeführt und ist in wichtigen Aspekten veröffentlicht
(HRDINA, 1978; HRDINA und WINNEKE, 1978; WINNEKE et al.,
1982a).

Die zweite Studie war so angelegt, daß in ihr die wesentlichen Ergebnisse der Orientierungsstudie überprüft, und
im regressionsstatistischen Ansatz in ihren Dosis-Wirkungs-
aspekten dargestellt werden konnten. Ferner sah der Versuchsplan vor, durch Berücksichtigung wirkungsrelevanter Störgrößen den Stellenwert etwa beobachteter neuropsychologischer Bleiwirkungen im Bezugsrahmen anderer Einflußgrößen
darstellen zu können. Diese Untersuchung wurde an Schulkindern aus der Umgebung einer Bleihütte in der Stadt Stolberg bei Aachen durchgeführt und ist ebenfalls in ihren
wichtigsten Aspekten veröffentlicht (WINNEKE et al.,1981;
WINNEKE et al., 1983a).

In beiden Studien erfolgte die Datenerhebung unter Doppel-
blind-Bedingungen, d.h. weder die "vor Ort" tätigen Untersucher, noch die Kinder bzw. ihre Eltern kannten die Belastungswerte. In beiden Untersuchungen wurde der Bleigehalt in ganzen Milchschneidezähnen als Maß der zurückliegenden kumulativ-langjährigen Bleiexposition verwendet.

## 5.1  Duisburg-Studie

### 5.1.1  Material und Methoden

#### 5.1.1.1 Untersuchungsgebiet und Zahnsammlung

Die Stadt Duisburg mit ca. 450.000 Einwohnern zählt zu den
am stärksten belasteten Industrieregionen der Bundesrepublik Deutschland und Europas. Luft-Blei-Konzentrationen betrugen im Jahresmittel zwischen 1.5 und 1.8 mg/m³ in den
Jahren 1976 und 1977 (BROCKHAUS et al.,1978). Die Industrie-
struktur wird vorwiegend geprägt durch Kokereien, Kohle-
kraftwerke und zahlreiche Betriebe der metallerzeugenden
und metallverarbeitenden Industrie, darunter auch mehreren
Betrieben, in denen Blei produziert bzw. verarbeitet wird.

Im Jahre 1976 wurden Eltern und Kinder aus dem Stadtgebiet
Duisburg wiederholt durch Presseverlautbarungen sowie über
die Gesundheitsämter zur Abgabe von Milchzähnen aufgerufen.
Die Abgabe eines Zahnes wurde mit DM 3.- honoriert, und zu
jedem Zahn wurden mit Hilfe eines Fragebogens persönliche
Daten des Kindes, wie Name, Alter, Geschlecht, Geburtsort,
Anschrift und Beruf des Vaters erfaßt. Insgesamt gingen
3127 Zähne von 1238 Kindern ein, wovon nur die 904 Schneidezähne von 690 Kindern analysiert wurden. Daraus wurden
für die Zwecke unserer Untersuchung nur diejenigen Kinder
berücksichtigt, die mindestens zwei Schneidezähne abgelie-
fert hatten, wodurch die Stichprobe auf 458 Kinder zusammen-
schrumpfte.

#### 5.1.1.2  Zahnbleibestimmung

Einzelheiten zur Analytik sind an anderer Stelle veröffentlicht (EWERS et al.,1979). Eine kurze, orientierende Übersicht möge an dieser Stelle ausreichen: Bis zur Analyse
wurden die Zähne bei -20°C aufbewahrt. Nach Reinigung und
Trocknung wurden sie in einem Gemisch aus heißer Salpetersäure und Perchlorsäure aufgelöst und nach dem Erkalten

mit wässriger Ammoniumcitratlösung verdünnt. Von diesen Lösungen wurden je 20 ml Aliquots mit dem APDC/MIBK-System*
extrahiert und der Bleigehalt mittels AAS gemessen. Die An-
gabe der Bleikonzentration erfolgte in µg/g Trockengewicht
und basierte auf Doppelbestimmungen. Die Reproduzierbarkeit,
gemessen als mittlere relative Standardabweichung, war kleiner $\pm$ 5%. Die Korrelation zweier Schneidezähne einer Stichprobe von Kindern betrug r=0.87 (EWERS et al.,1979).

## 5.1.1.3  Stichprobenauswahl

Die Zahnbleikonzentrationen erwiesen sich als logarithmisch
normalverteilt (Abb.3).

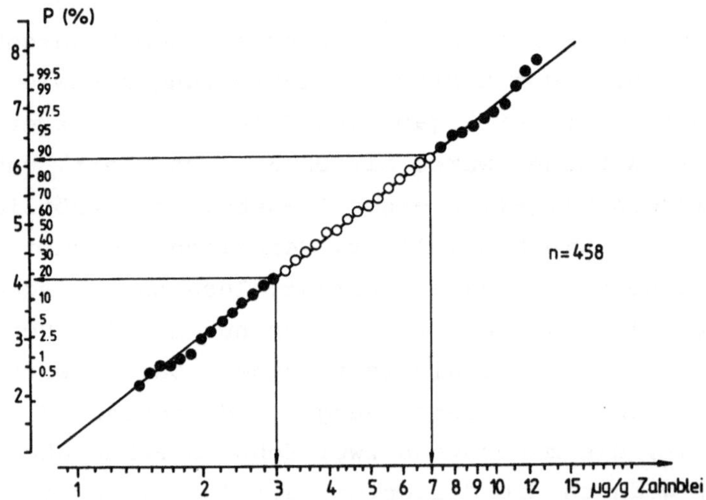


Abbildung 3:   Summenhäufigkeits-Verteilung der Zahnbleiwerte
               (log PbZ) für die Grundgesamtheit der Duisburg-
               Studie. Gefüllte Kreise bezeichnen die Extrem-
               Gruppen.

Das geometrische Mittel der Verteilung war 4.6 µg/g mit Extremwerten zwischen 1.4 und 12.7 µg/g Zahn. Eine vorläufige

---

* APDC = Ammoniumpyrrolidin-dithiocarbamat
  MIBK = Methylisobutylketon

Gruppenselektion erfolgte in der Weise, daß Kinder mit
Werten < 3 µg/g der Kontrollgruppe, und solche mit Werten
> 7 µg/g der Bleigruppe zugeteilt wurden; diese Grenzen
charakterisieren grob die oberen und unteren 15% der Verteilung (s. Abb.3). Alle Eltern und Kinder dieser beiden
Gruppen wurden angeschrieben und zur Teilnahme an weiter-
gehenden neuropsychologischen Untersuchungen eingeladen.
Zusammen mit dieser Einladung wurde ein Fragebogen ver-
schickt, mit dem Zusatzinformationen über die Schulklasse
des Kindes, sein Alter, etwaige bisherige Testerfahrungen,
Beruf des Vaters und der Mutter sowie Wohndauer an der
augenblicklichen Anschrift eingeholt wurden. Nach einma-
ligem Erinnerungsschreiben lag die Antwortquote in beiden
Gruppen bei 77% (Kontrollen) und 61% (Bleigruppe). Dieser
Unterschied war statistisch gesichert ($x^2$=4.24; $p < 0.05$).

Auf der Grundlage dieser Fragebogendaten wurden Testpaare
in der Weise gebildet, daß jedem Kind der Bleigruppe ein
"best"-passender Kontrollpartner zugeordnet wurde ("pair-
matching"). Als Kriterien dieser Paarbildung dienten Alter, Geschlecht und Berufsstatus des Vaters. Der Berufsstatus des Vaters wurde nach folgender Rangskala bewertet:
(1) = Fabrikbesitzer, Top-Manager oder selbständiger Aka-
demiker; (2) = kleiner/mittlerer Unternehmer; (3) = leitender Angestellter oder Beamter; (4) = sonstiger Angestellter oder Beamter; (5) = gelernter Arbeiter; (6) = ungelernter Arbeiter. Abweichungen von +1 auf dieser Rangskala
wurden zugelassen, wobei in einem Falle aber eine Abweichung von 2 Skaleneinheiten unvermeidbar war. Hinsichtlich
des Alters wurden Abweichungen von + 7 Monaten akzeptiert.

Mit Hilfe dieser drei Kriterien wurden insgesamt 27 Paare
gebildet, von denen allerdings eines nach Vorliegen des
zweiten, stark abweichenden Zahnbleiwertes eliminiert werden
mußte: Eine nicht tolerierbare Abweichung lag definitions-
gemäß dann vor, wenn das geometrische Mittel aus beiden Be-

stimmungen zu einer Über- bzw. Unterschreitung der Klassengrenzen < 3 bzw. > 7 µg/g führte. Die endgültige Verteilung
der Zahnbleiwerte beider Gruppen zeigt Abbildung 4. Aus ihr
geht hervor, daß beide Gruppen bei geometrischen Mittel-
werten von 2.4 µg/g (Kontrollen) bzw. 9.2 µg/g deutlich um
etwa den Faktor 3 getrennte, nicht überlappende Verteilung
aufweisen.

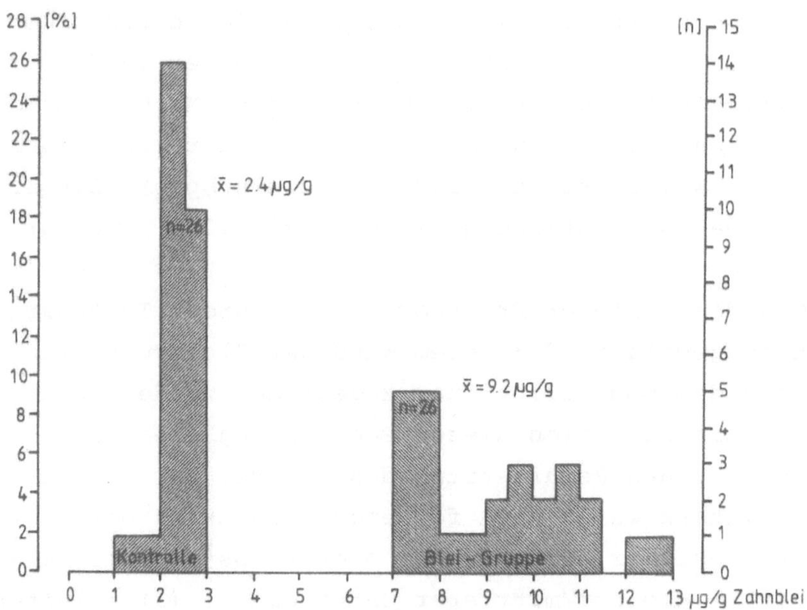


Abbildung 4:  Häufigkeitsverteilungen von Kindern mit
niedrigen (PbZ < 3 µg/g) und solchen mit
erhöhten (PbZ > 7 1g/g) Zahnbleigehalten.

## 5.1.1.4  Abhängige Variablen

Aufgrund der in den Tabellen 5a-e dokumentierten Vielfalt
der neuropsychologischen Wirkungsaspekte, und auch im Hinblick auf den Orientierungscharakter dieser Studie, erschien
ein möglichst breit angelegtes Wirkungsspektrum angemessen.
Folgende Funktionsbereiche wurden deshalb erfaßt: Sprachliche
und nicht sprachlich gebundene Intelligenz, visuomotorische

Integration, d.h. Gestaltwahrnehmung und -reproduktion,
grobmotorische Koordination sowie allgemeines Testverhalten. Für den Leistungsbereich wurden nur solche Verfahren berücksichtigt, die hinsichtlich der Testgüte-
kriterien Objektivität, Zuverlässigkeit und Gültigkeit
als für psychodiagnostische Zwecke geeignet ausgewiesen
waren.

Als Intelligenztest wählten wir den "Hamburg-Wechsler-
Intelligenztest-Test für Kinder (HAWIK)", die deutsche
Fassung des vielfach in derartigen Untersuchungen (s.
Tabelle 5a-e) benutzten WISC (HARDESTY and PRIESTER,1966).
Der HAWIK besteht aus 11 Untertests, 6 davon sprachgebun-
den und 5 nicht-sprachlicher Natur. Er liefert außer einem
Leistungs- bzw. Intelligenzprofil als zusammenfassende,
altersnormierte Intelligenzmaße einen Verbal-IQ (V-IQ),
einen Handlungs-IQ (H-IQ) und einen Gesamt-IQ (G-IQ). Durch
weitgehende Standardisierung der Durchführungs- und Auswer-
tebedingungen kann der HAWIK als objektives Testverfahren
bezeichnet werden. Zuverlässigkeits-Koeffizienten (Split-half)
liegen für den Gesamt-IQ über $r=0.84$, für den Verbal-IQ und
den Handlungs-IQ über $r=0.79$ (PRIESTER und KEREKJARTO, 1960).
Der Gesamt-IQ differenziert signifikant ($p < 0.01$) zwischen
Schülern verschiedener Schultypen und korreliert zu $r=0.83$
mit dem Lehrerurteil (BRICKENKAMP, 1975). Die Altersnormen
stammen allerdings aus dem Jahre 1956.

Zur Prüfung wahrnehmungs-integrativer Leistungen, die tradi-
tionell die klinisch-psychologische Hirnschadensdiagnostik
dominieren (STEINGRÜBER, 1976), wählten wir drei bewährte
Testverfahren: Den "Göttinger-Form-Reproduktions-Test (GFT)"
(SCHLANGE et al.,1972), die deutsche Fassung des bekannten
"Bender-Gestalt-Tests" (BENDER, 1938), den "Benton-Test"
(BENTON, 1974), sowie das "Diagnosticum für Cerebralschädi-
gung (DSC)" (WEIDLICH; 1972).

Der GFT ist ein standardisiertes Testverfahren zur differen-
tial-diagnostischen Abgrenzung eines Hirnschadens bei ver-
haltensauffälligen Kindern gegenüber Störungen anderer Ätiologie. Die Testaufgabe besteht darin, nacheinander 9 auf
Karten vorgegebene Figuren, die dem "Visual-Motor-Gestalt-
Test" von BENDER (1938) entnommen wurden, ohne Zeitdruck
möglichst genau abzuzeichnen. Die Auswertung der Reproduk-
tionsgenauigkeit erfolgt nach einem differenzierten Auswer-
tungssystem; es können zwischen 0 und 42 Fehler erfaßt werden, die den Testrohwert ergeben. Aufgrund der Ergebnisse
einer Eichstichprobe 6-15-jähriger Kinder lassen sich die Rohwerte über altersabhängige Prozentrangnormen differential-
diagnostisch bewerten. Der Rohwert diskriminiert nach dem
Testhandbuch (SCHLANGE et al.,1972) signifikant und deutlich
zwischen den diagnostischen Kategorien "kein Hirnschaden",
"Hirnschadensverdacht" (anamnestische, psychiatrische oder
neurologische Hinweise), bzw. "Hirnschaden" (anamnestische,
psychiatrische oder neurologische Hinweise). Die Zuverlässigkeit im Sinne der inneren Konsistenz wird mit r=0.96, die Objektivität der Auswertung (4 Auswerter) mit r=0.98 angegeben.

Auch der Benton-Test gehört zu den klinisch bewährten Verfahren im Rahmen der Hirnschadensdiagnostik (SPREEN and BENTON;
1965). Von den verschiedenen Instruktionen wählten wir die
Standard-Version A für die äquivalenten Testformen C und E.
Es wurden somit 20 mit abstrakten Strichfiguren  bedruckte
Karten vorgelegt, die nach jeweils 10 Sekunden Expositionsdauer aus dem Gedächtnis nachgezeichnet werden mußten. Bewertet wurde die Zahl richtiger Reproduktionen; es konnten Test-
werte zwischen 0 und 20 erzielt werden. Die Objektivität wird
in Werten zwischen 0.75 und 0.98 (Auswerteübereinstimmung),
die durchschnittliche Reliabilität mit r=0.85 angegeben (BEN-
TON, 1974). Die Validität erscheint durch mehrere Untersuchungen zur Erfassung von Hirnschäden als gegeben (BENTON, 1974).

Das Diagnostikum für Cerebralschädigung (DCS) basiert auf
einem Lernversuch für das Einprägen optischer Gestalten
und ist der Entwicklungstestreihe von HETZER (1962) entnommen (WEIDLICH, 1972). Der Test prüft Gestalt-Wahrnehmung
und -Speicherung, Gestaltreproduktion, sowie konzentrative
Zuwendung. Die Aufgabe besteht darin, neun ungegenständliche
geometrische Figuren, die nacheinander auf Kärtchen vorgegeben werden, mit Stäbchen nachzulegen und die Position der
jeweiligen Figur innerhalb der Reihe anzugeben. Die Testreihe
wird solange wiederholt, bis alle Figuren korrekt reproduziert
und in ihrer Position richtig benannt sind; ist dies nach dem
10. Durchgang nicht der Fall, so wird der Versuch abgebrochen.
Die Leistungswerte variieren demnach zwischen 1 = korrekte
Lösung nach der ersten Vorgabe (beste Leistung) und 11 = Aufgabe in 10 Durchgängen nicht gelöst. Der Test ist zweifels-
frei objektiv auswertbar, die Reliabilität (Wiederholungszu-
verlässigkeit) bei Hirngesunden wurde mit r=1.0 ermittelt
(WEIDLICH, 1972).

Zur quantitativen Erfassung grobmotorischer Defizite cerebral-
geschädigter Kinder wurde der "Körper-Koordinations-Test für
Kinder (KTK)" nach faktorenanalytischen Gesichtspunkten kon-
struiert (SCHILLING und KIPHARD; 1974)*). Er wurde von uns
in der Original-Version mit folgenden 4 Untertests vorgegeben:
1. Balancieren rückwärts (BR); 2. Monopedales Überhüpfen (MÜ);
3. Seitliches Hin- und Herspringen (SH); 4. Seitliches Um-
setzen (SU). Diese vier Testaufgaben ergeben Rohwerte, die
nach Normentabellen in Standardwerte transformiert werden.
Aus den "motorischen Quotienten" der vier Subtests ($MQ_1$-$MQ_4$)
wird der Gesamt-MQ ermittelt. Der KTK ist ein gut standardisiertes Instrument zur Prüfung der grobmotorischen Entwicklung, das der Forderung nach Objektivität, Zuverlässigkeit

---

*) Ich danke Herrn Prof.Dr. von Harnack von der Universitäts-
Kinderklinik Düsseldorf für die leihweise Überlassung des
Testmaterials

und diagnostischer Validität gerecht wird (SCHILLING und
KIPHARD, 1974).

Eine standardisierte Verhaltensbeobachtung der Kinder in
der Schulsituation durch die Lehrer war geplant, wurde aber
vom Kultusminister des Landes NW nicht genehmigt. Aus diesem Grunde entschieden wir uns, das Verhalten des Kindes in
der Testsituation mittels einer modifizierten CONNORS-Skala
(CONNORS, 1969) von den Testleitern beurteilen zu lassen.
Zu diesem Zweck wurden 19 der insgesamt 39 Merkmale des Ori-
ginals unverändert übernommen und durch 9 auf die Testsituation zugeschnittene Beurteilungsaspekte ergänzt. Jedes Merk-
mal war vierfach nach "sehr-ziemlich-etwas-gar nicht" abgestuft. Die Beurteilung des Testverhaltens anhand der insgesamt 28 Merkmalsskalen erfolgte jeweils am Ende einer jeden
Testsitzung.

Parallel zur Testuntersuchung wurde in einem standardisierten
Anamnesegespräch mit der Mutter neben den unerlässlichen
sozio-demographischen Daten etwaige Risikofaktoren aus Schwangerschaft, Geburtsverlauf, Säuglingszeit und den folgenden
Lebensjahren erfragt, um auf diese Weise den Beurteilungs-
hintergrund etwaiger Bleiwirkungen abzusichern. Die vorwiegend durch Rückerinnerung gewonnenen Informationen konnten
nur zum Teil, nämlich bei den 7-jährigen Kindern, durch
Mütterpaß und Untersuchungsheft erhärtet werden.

5.1.1.5  Durchführung der Untersuchung

Die Datenerhebung erfolgte zwischen Mitte Februar und Mitte
März 1978 in Räumen der Nebenstelle des Gesundheitsamtes
der Stadt Duisburg, in Duisburg Meiderich*). Die Eltern der
in den Grenzen der Extremgruppen (s.S.53 ) liegenden Kinder

---

*) Ich danke Frau Dr.med. Feige und Herrn Dr.med. Oppermann
   vom Gesundheitsamt der Stadt Duisburg für ihre Unterstützung.

wurden brieflich zur Teilnahme an der neuropsychologischen
Untersuchung eingeladen. Die ca. 3-stündigen Testuntersu-
chungen wurden von drei Psychologiestudentinnen in 2. Stu-
dienabschnitt durchgeführt, die vor Beginn der Untersuchungen unter Supervision mittels Einwegfenster-Beobachtung
in die Testbatterie eingearbeitet und hinsichtlich Test-
durchführung und -auswertung auf einen näherungsweise gleichen Standard gebracht wurden. Die Anamnese-Gespräche führte
ein Medizin-Doktorand mit abgeschlossenem Psychologiestudium.

Die Gruppenzuordnung der Kinder war den vor Ort tätigen Mitarbeitern nicht bekannt. Um eine etwa unterschiedliche Behandlung von Kontroll- und Bleikindern zu vermeiden, wurden
jedem Untersucher Testpaare zugeteilt. Von 60 eingeladenen
Kindern konnten an 21 Tagen 57 untersucht werden, davon 3 am
ersten Tage, den Untersuchern nicht bekannt, außerhalb des
Versuchsplanes zur nochmaligen Verbesserung der Einarbeitung.
Von den verbliebenen 54 Kindern bzw. 27 Paaren mußte ein
Paar wegen diskordanter Zahnbleiwerte eines Paarlings (s.S.
53 ) von der weiteren Auswertung ausgeschlossen werden, so
daß die Ergebnisse auf 52 Kindern bzw. 26 Testpaaren beruhen.

## 5.1.1.6   Zufallskritische Datenprüfung

Die vorgenommene Paarbildung hinsichtlich Alter, Geschlecht
und Berufsstatus des Vaters rechtfertigte bei parametrischen
Voraussetzungen die Anwendung des t-Tests für korrelierende
Stichproben. Wegen des explorativen Charakters der Studie
wurden bei qualitativen Daten bzw. bei Zweifeln an den
parametrischen Voraussetzungen als voraussetzungsfreie
Testverfahren auch der Zeichen-Test bzw. der $x^2$-Test nach
McNemar verwendet. Grundsätzlich  wurde einseitig getestet,
da die Annahme einer Beeinträchtigung der erhöht bleibelasteten Kinder nach den vorliegenden Literaturbefunden die
einzig sinnvolle, gerichtete Hypothese darstellt.

## 5.1.2  Ergebnisse

### 5.1.2.1  Konfundierende Variablen

Als konfundierende Variablen bezeichnet man Wirkgrößen, die
einen Zusammenhang sowohl mit der abhängigen als auch mit
der unabhängigen Variable zeigen, und somit im vorliegenden
Falle einen Zusammenhang zwischen Bleibelastung und neuropsychologischen Defiziten vortäuschen könnten. Strukturähn-
lichkeit der Stichproben im Hinblick auf mögliche konfundierende Variablen ist somit eine entscheidende Voraussetzung,
um etwaige Gruppenunterschiede überhaupt mit der Bleibelastung
in Zusammenhang bringen zu können.

Durch das Verfahren der Paarbildung konnte eine Vergleichbarkeit der Stichproben auch für eine Reihe anderer als für
die der Paarbildung zugrundeliegenden Variablen erzielt werden (Tabelle 6).

Die Schulbildung der Eltern war in der Bleigruppe etwas besser als bei den Kontrollen, während das Familieneinkommen
eine umgekehrte Tendenz zeigte. Beide Unterschiede waren jedoch nach dem Zeichentest statistisch nicht gesichert ($p > 0.10$).
Überwiegend besuchten die Kinder beider Gruppen die 2. Klasse
einer Grundschule.

Auch hinsichtlich medizinischer Risikofaktoren aus der frühen Entwicklungsgeschichte ergaben sich keine auffälligen
Gruppenunterschiede (Tabelle 7). Allerdings ist darauf hinzuweisen, daß 5 Kinder der Bleigruppe gegenüber keinem einzigen Kontrollkind bei der Geburt zwischen 2000 und 2500 g ge-
wogen hatten ($u=0.98$; $p < 0.1$), und daß bei 3 Kindern dieser
Gruppe Verdacht auf perinatale Asphyxie bestand. Dieser Verdacht galt als begründet, wenn die betreffende Mutter eines
der drei folgenden Kriterien bejahte: Bei Geburt nicht ge-
schrien, Fruchtwasser grün oder Extremitäten blau. In allen
drei Fällen lag ein Mütterpaß zur Erhärtung des Verdachtes

| | Alter (Monaten) ($\bar{x}\pm$ SEM) | Schulklasse | | Berufsstatus (Vater)[1] | | Schulbildung Vater[2] | | Mutter | | Familien-Einkommen[3] | | Zahl der Kinder | |
|---|---|---|---|---|---|---|---|---|---|---|---|---|---|
| Kontroll-Gruppe (n=26) | 102.3+1.8 | 0 | 0 | 1 | 3.8% | 1 | 3.8% | 1 | 53.8% | 1 | 0 | 1 | 7.7% |
| | | 1 | 11.5% | 2 | 0 | 2 | 76.9% | 2 | 34.6% | 2 | 0 | 2 | 53.8% |
| | | 2 | 50.0% | 3 | 7.7% | 3 | 7.7% | 3 | 7.7% | 3 | 38.5% | 3 | 30.8% |
| | | 3 | 26.9% | 4 | 34.6% | 4 | 3.8% | 4 | 3.8% | 4 | 42.3% | 4 | 7.7% |
| | | 4 | 11.5% | 5 | 50.0% | | | | | 5 | 11.5% | | |
| | | | | 6 | 3.8% | | | | | 6 | 7.7% | | |
| | | | | | | | | | | 7 | 0 | | |
| Blei-Gruppe (n=26) | 101.8+2.0 | 0 | 3.8% | 1 | 0 | 1 | 3.8% | 1 | 34.6% | 1 | 0 | 1 | 19.2% |
| | | 1 | 15.4% | 2 | 0 | 2 | 65.4% | 2 | 42.3% | 2 | 15.4% | 2 | 46.2% |
| | | 2 | 50.4% | 3 | 7.7% | 3 | 23.1% | 3 | 23.1% | 3 | 30.8% | 3 | 19.2% |
| | | 3 | 26.9% | 4 | 42.3% | 4 | 7.7% | 4 | 0 | 4 | 34.6% | 4 | 19.2% |
| | | 4 | 3.8% | 5 | 46.2% | | | | | 5 | 15.4% | | |
| | | | | 6 | 3.8% | | | | | 6 | 0 | | |
| | | | | | | | | | | 7 | 3.8% | | |

[1] 1= Fabrikbesitzer, Manager, Selbständiger; 2= kleiner/mittlerer Unternehmer; 3= leitender Angestellter oder Beamter; 4= Angestellter oder Beamter; 5= Facharbeiter; 6= ungelernter Arbeiter

[2] 1= Volksschule (ohne Lehre); 2= Volksschule (mit Lehre); 3= Realschule; 4= Gymnasium

[3] 1$\leq$ 750 DM; 2$\leq$ 1000 DM; 3$\leq$ 1500 DM; 4$\leq$ 2000 DM; 5$\leq$ 2500 DM; 6$\leq$ 3000; 7> 3000 DM

Tabelle 6: Prozentualer Vergleich beider Gruppen hinsichtlich wichtiger konfundierender Variablen

| Zeitraum | Risiko-Faktoren | Blei-Gruppe | Kontrollen |
|---|---|---|---|
| Schwangerschaft | Zwillinge | 2/26 = 7.7% | 3/26 = 11.5% |
| | Blutungen im 1. Trimenon | 4/26 = 15.4% | 4/26 = 15.4% |
| | Anämie im letzten Trimenon | 6/26 = 23.1% | 6/26 = 23.1% |
| | Verdacht auf EPH-Gestose | 5/26 = 19.2% | 0 |
| Geburt | Abnorme Lage der Frucht | 2/26 = 7.7% | 1/26 = 3.9% |
| | Operative Entbindung | 3/26 = 11.5% | 3/26 = 11.5% |
| | Vollnarkose | 4/26 = 15.4% | 4/26 = 15.4% |
| | Geburtsgewicht $< 2.500$ g | 5/26 = 19.2% | 0 |
| | Durchschnittliches Geburtsgewicht ($\bar{x}$+SEM) | 3149$\pm$ 121 g | 3392$\pm$ 102 g |
| | Asphyxie-Verdacht | 3/26 = 11.5% | 0 |
| erstes und folgende Jahre (bis Einschulung) | Masern | 2/26 = 7.7% | 1/26 = 3.9% |
| | Meningitis oder epileptische Anfälle | 1/26 = 3.9% | 2/26 = 7.7% |
| | Kommotio | 0 | 3/26 = 11.5% |

Tabelle 7: Häufigkeit von Risikofaktoren in verschiedenen Entwicklungsperioden für beide Gruppen

jedoch nicht vor.

## 5.1.2.2 Psychometrische Daten

<u>Intelligenzleistungen</u>: Die Kinder der Bleigruppe schnitten
im Intelligenztest durchschnittlich etwas schlechter ab
als ihre paarweise parallelisierten Kontrollpartner (Tabelle 8).

| Variable | Blei-Gruppe | | Kontrollen | | $t$[1] | Signifikanz[2] |
|---|---|---|---|---|---|---|
| | $\bar{x}$ | s | $\bar{x}$ | s | | |
| HAWIK Verbal-IQ | 117 | 16.6 | 122 | 18.9 | 1.06 | $p > 0.1$ |
| HAWIK Handlungs-IQ | 124 | 17.7 | 130 | 14.8 | 1.41 | $p = 0.08$ |
| HAWIK Gesamt-IQ | 123 | 17.6 | 130 | 17.1 | 1.37 | $p = 0.09$ |

[1] t-Test für korrelierende Stichproben

[2] einseitige Fragestellung

Tabelle 8:  Mittelwerte ($\bar{x}$) und Streuungen (s)  für Intelli-
genz-Quotienten (IQ) nach dem Hamburg-Wechsler-
Intelligenztest für Kinder (HAWIK)

Die Unterlegenheit der Bleikinder beträgt im Durchschnitt
5.6 Punkte für den Verbal-IQ, 6.4 Punkte für den Handlungs-
IQ und 6.5 Punkte für den Gesamt-IQ. Paarweise betrachtet
schnitten für den Handlungs- und den Gesamt-IQ in 18 Fällen
die Kontrollen, und in nur 8 Fällen die Bleikinder besser
ab; nach dem Zeichentest ein signifikanter Gruppenunterschied
(u=1.77; $p < 0.05$).

Eine Profilbetrachtung auf der Basis der HAWIK-Untertests
ermöglicht Abbildung 5 . Das Durchschnittsprofil der Bleigruppe
ist geringgradig, aber konsistent gegenüber dem der Kontrollen abgesenkt. Die relativ größten Gruppenunterschiede

zeigen die Untertests "Zahlensymbol-Test (ZS)", mit 1.4
Wertpunkt-Differenz (t=1.62; p = 0.06) und "Bilderordnen
(BO)" mit 1.6 Wertpunkt-Differenz (t=1.63; p = 0.06).

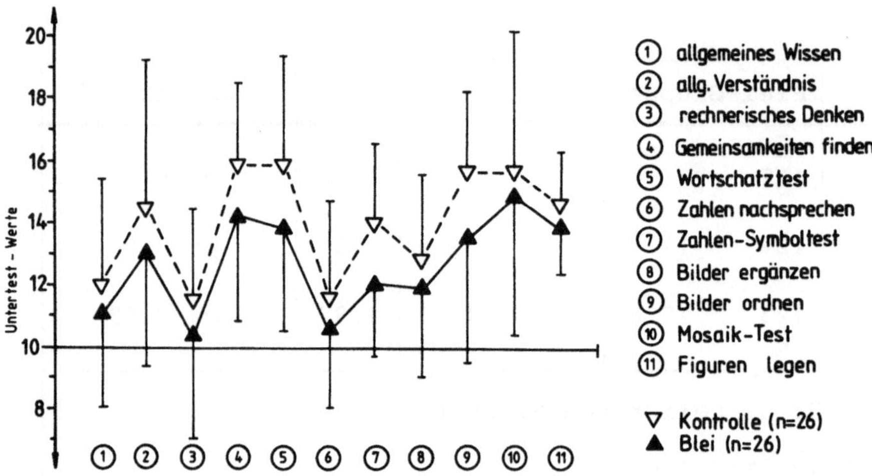


Abbildung 5:   Untertest-Profil beider Gruppen der Duisburg-
               Studie (nach HRDINA, 1978)

Beide Durchschnittsprofile sind um mehr als eine Standardabweichung gegenüber dem Erwartungswert von 10 angehoben.
Diese Beobachtung entspricht tendentiell der klinischen
Erfahrung, nach der die Altersnormen des HAWIK veraltet
sind und einer Revision bedürfen (SCHUBERT und BERLACH,
1982).

<u>Visuomotorische Integrationsleistungen</u>: Tabelle 9 zeigt die
Ergebnisse der drei in diesem Zusammenhang interessierenden
Testverfahren, wobei im Falle des Göttinger-Form-Reproduktions-
test (GFT) die Fehlerquote, beim Benton-Test (BT) die Zahl
der richtigen Lösungen, und im Falle des Diagnostikums für

Cerebralschädigung (DCS) die Zahl der bis zum Erreichen
des Kriteriums erforderlichen Durchgänge als Meßwert dienten.

In allen drei Fällen schnitten die Kinder der Bleigruppe
etwas schlechter ab als ihre Kontrollpartner, jedoch nur
im Falle des GFT signifikant (t=1.73; $p < 0.05$).

| Variable | Blei-Gruppe | | Kontrollen | | $t^{1)}$ | $p^{2)}$ |
|---|---|---|---|---|---|---|
| | $\bar{x}$ | s | $\bar{x}$ | s | | |
| Göttinger Form-Reproduktions-Test (GFT) Fehlerwert | 19.6 | 4.8 | 17.2 | 6.0 | 1.73 | <0.05 |
| Benton-Test Richtige Lösungen | 10.2 | 3.2 | 10.4 | 3.5 | 0.12 | n.s. |
| Diagnostikum f. Cerebralschädigung (DCS) Zahl d. Versuche | 7.2 | 2.9 | 6.9 | 2.7 | 0.41 | n.s. |

[1] t-Test für korrelierende Stichproben
[2] einseitige Fragestellung

Tabelle 9: Mittelwerte ($\bar{x}$) und Streuungen (s) für drei
Tests zur Erfassung visuomotorischer Integrationsleistungen

Parametrische Betrachtungen könnten im Falle des DCS jedoch
unangemessen sein, da ein Kind, das die gestellte Aufgabe
in zehn Durchgängen nicht löste, einen Leistungswert von 11
erhielt, damit jedoch in seinen Fähigkeiten möglicherweise
überschätzt wurde. Wenn man unter diesem Gesichtspunkt lediglich auszählt, wieviel Kinder in jeder Gruppe das Problem in zehn Durchgängen lösten, so findet man 24 in der
Kontroll- und nur 18 in der Bleigruppe. Dieser Unterschied

zugunsten der Kontrollen war statistisch gesichert ($x^2$=3.13; p $<$ 0.05).

Grobmotorische Koordination: Die Ergebnisse für den "Körper-Koordinations-Test für Kinder (KTK)" nach SCHILLING und KIPHARD (1974) zeigt Tabelle 10.

| KTK-Variable | Blei-Gruppe | | Kontrollen | | $t^{1)}$ | $p^{2)}$ |
|---|---|---|---|---|---|---|
| | $\bar{x}$ | s | $\bar{x}$ | s | | |
| BR = $MQ_1$ | 95 | 15 | 95 | 20 | – | – |
| MÜ = $MQ_2$ | 94 | 16 | 97 | 15 | 0.52 | 0.1 |
| SH = $MQ_3$ | 99 | 13 | 104 | 18 | 0.85 | 0.1 |
| SU = $MQ_4$ | 96 | 15 | 94 | 14 | – | – |
| Summenwert = $MQ_5$ | 95 | 15 | 97 | 19 | 0.20 | 0.1 |
| [1] t-Test für korrelierende Stichproben | | | | | | |
| [2] einseitige Fragestellung | | | | | | |

Tabelle 10: Mittelwerte ($\bar{x}$) und Streuungen (s) der "motorischen Quotienten (MQ)" des KTK (Erläuterungen s.S. 57)

Die Gruppenunterschiede für die einzelnen Untertests ($MQ_1$-$MQ_4$) und die gesamtmotorische Entwicklung sind gering und statistisch nicht gesichert.

Verhaltensbeurteilung: Wegen häufig zu kleiner Besetzungszahlen wurden je 2 Stufen der ursprünglich 4-stufigen Skalen zusammengefaßt. Statistisch gesicherte (McNemar $chi^2$-Test) oder auch nur auffallende Gruppenunterschiede traten nicht auf.

### 5.1.3 Diskussion der Duisburg-Studie

Die Ergebnisse dieser Pilot-Studie lassen sich in folgenden Punkten zusammenfassen:

1. Visuomotorische Integrationsleistungen scheinen bei Kindern mit erhöhten Zahnbleiwerten beeinträchtigt. Die Fehlerquote im GFT ist bei ihnen signifikant ($p <$ 0.05) erhöht, und im DCS bewältigten sie signifikant seltener die Testaufgabe innerhalb der vorgesehenen Grenzen.

2. Die Intelligenzleistung erhöht Pb-belasteter Kinder erscheint um durchschnittlich 5-7 IQ-Punkte reduziert, jedoch liegt dieser Effekt bei zufallskritischer Betrachtung an der Signifikanzgrenze ($p < 0.1$). Die gegegenüber dem Erwartungswert von 100 um mehr als eine Standardabweichung erhöhten IQ-Werte unterstreichen die auch aufgrund klinischer Erfahrung erhobene Forderung nach einer Aktualisierung der Altersnormen für den HAWIK (SCHUBERT und BERLACH, 1982), könnten aber darüberhinaus auch Ausdruck eines nicht streng repräsentativen Verfahrens der Stichproben-Auswahl sein.

3. Die grobmotorische Koordination, gemessen mit dem KTK, läßt keine Gruppenunterschiede erkennen, ebensowenig die Verhaltensbeurteilung in der Testsituation. Letzteres steht nicht unbedingt im Widerspruch zu den Befunden von NEEDLEMAN et al. (1979), die aufgrund der Lehrerbeurteilung eine weitgehend PbZ-abhängige Prävalenz von Verhaltensauffälligkeiten im Klassenzimmer festgestellt hatten (s.S. 45). Es ist einleuchtend, daß die einengende Testsituation, im Gegensatz zu der im Klassenzimmer, Verhaltensvariabilität eher begrenzt.

Vergleicht man jedoch die Ergebnisse dieser Studie insgesamt mit denen der Boston-Studie, so besteht insoweit globale Übereinstimmung, als in beiden Fällen Zusammenhänge zwi-

schen erhöhter Bleibelastung im Kindesalter und Beeinträchtigungen kognitiver Leistungen erkennbar werden, die im
Falle unserer Untersuchung jedoch von deutlich geringerer
Prägnanz sind. Unter zufallskritischen Aspekten könnte
dies mit dem kleineren Stichprobenumfang zusammenhängen.
Unter Dosis-Wirkungs-Aspekten fällt andererseits auf, daß
das Ausmaß der IQ-Depression von PbZ-Differenzen eher geringer ist als in unserer Pilot-Studie und daß dort eher
der Verbal-IQ, hier jedoch Handlungs- und Gesamt-IQ, stärker betroffen scheinen. Diese Unterschiede im Detail erschweren zweifellos die Vergleichbarkeit der Ergebnisse
beider Untersuchungen.

Weitere methodologische Einwände zwingen zu einer eher zu-
rückhaltenden Bewertung unserer Befunde: Trotz des Paar-
bildungsverfahrens, mit dem vorweigend eine Stichproben-
vergleichbarkeit hinsichtlich sozio-ökonomischer und ele-
mentarer biologischer Faktoren (Alter, Geschlecht) ange-
strebt und im wesentlichen auch erreicht wurde (s.Tabelle 6),
konnte in anderer Hinsicht Strukturgleichheit nicht erzielt
werden: Perinatale Risikofaktoren, wie etwa Kinder mit einem
Geburtsgewicht unter 2500 g und solche mit Verdacht auf perinatale Asphyxie, traten in der Bleigruppe relativ ge-
häuft auf (s. Tabelle 7). Obwohl diese Prävalenz statistisch
nicht gesichert war, kann angesichts des insgesamt kleinen
Stichprobenumfanges ein die Bleiwirkung überlagernder Effekt
hierdurch nicht ausgeschlossen werden.

Auch aus anderen Gründen erscheint die Beweiskraft dieser
Pilot-Studie eingeschränkt:

1. der gewählte Extremgruppenvergleich schließt die Möglichkeit des Nachweises von Dosis-Wirkungsbeziehungen
   aus, die eine wichtige Voraussetzung für Kausalitäts-
   betrachtungen wären;
2. repräsentative Verhaltensbeurteilungen von Lehrern und/
   oder Eltern wurden  nicht erhoben;

3. Blutbleiwerte zur zusätzlichen Absicherung der individuellen Belastungssituation fehlten;

4. die Zahnbleiwerte, verglichen mit denen von NEEDLEMAN et al. (1979) oder denen anderer Studien (s. EWERS und BROCKHAUS, 1977), zeigen eine eher geringgradige Bleibelastung an, die prägnante Effekte nicht erwarten läßt.

Aus den genannten Gründen erschien es erforderlich, eine erweiterte Studie in einem Gebiet mit mutmaßlich höherer Bleibelastung durhzuführen, in der die o.g. Einwände weitgehend berücksichtigt sein sollten. Aufbau und Ergebnisse einer solchen Zweituntersuchung sind im folgenden Abschnitt beschrieben.

## 5.2 Stolberg-Studie

Ziel dieser Untersuchung war es, unter Berücksichtigung der Ergebnisse der Boston-Studie (NEEDLEMAN et al.,1979) gezielt die statistisch z.T. nur schwach gesicherten Befunde unserer Pilotstudie zu erhärten und sie um fehlende Aspekte zu ergänzen. Hierzu wurden Arbeitshypothesen formuliert, die sich folgenden Klassen unterschiedlicher Wertigkeit zuordnen lassen: <u>Klasse I</u> umfaßt bedeutsame und empirisch fundierte Hypothesen, deren Prüfung sich auf neuropsychologische Leistungsmaße mit gesicherten Gütekriterien stützen kann. <u>Klasse II</u> umfaßt bedeutsame und ebenfalls empirisch fundierte Hypothesen, zu deren Prüfung jedoch auf ad hoc konzipierte Beurteilungsskalen unbekannter Güte zurückgegriffen werden mußte. Der <u>Klasse III</u> lassen sich solche Hypothesen zuordnen, die im wesentlichen exploratorische Ziele verfolgen.

Die Hypothesen der Klasse I beziehen sich auf a) die Frage nach bleibedingten Intelligenzdefiziten (NEEDLEMAN et al. 1979; WINNEKE et al., 1982a), b) die Frage nach bleibedingten Beeinträchtigungen visuomotorischer Integrationsleistungen

(WINNEKE et al., 1982a) und c) die Frage nach bleibedingten
Störungen des Reaktionsverhaltens (NEEDLEMAN et al., 1979).
Die Hypothesen der Klasse II beziehen sich auf bleibedingte Verhaltensauffälligkeiten vom Typus Konzentrations- und
Aufmerksamkeitsdefizite (NEEDLEMAN et al.,1979). Die Hypothesen der Klasse III beziehen sich auf bleibedingte Störungen des maximalen Klopftempos (LANDRIGAN et al.,1975)
und der Wahrnehmungsgeschwindigkeit, wie sie in Durchstreichtests vom Bourdon-Typ erfaßt wird.

## 5.2.1  Material und Methoden

### 5.2.1.1 Untersuchungsgebiet und Zahnsammlung

Die "Kupferstadt" Stolberg bei Aachen, eine industriell
geprägte Mittelstadt mit ca. 58.000 Einwohnern, lebt seit
Jahrhunderten mit dem Buntmetall-Bergbau. Schon die älteste
Karte aus dem Jahre 1548 verzeichnet dort außer der Burg
nur 12 Häuser und 3 Kupfermühlen. Förderung, Verhüttung und
Verarbeitung von NE-Metallen, vor allem von Blei und Zink,
haben bis in die Neuzeit die industrielle Struktur der Stadt
entscheidend mitgeprägt. Unter insgesamt 9 Betrieben mit
Bleiemissionen war bis 1975 die Bleihütte Binsfeldhammer
mit 30 Jahrestonnen dominierend (MAGS, 1975).

Seit 1973 werden mit festen Meßstellen der Landesanstalt
für Immissionsschutz (LIS) in Essen regelmäßig Blei-, Cad-
mium- und Zinkkonzentrationen in der Außenluft gemessen.
Während 1973 noch Luft-Bleikonzentrationen zwischen 1.3 und
7.6 µg/m³ im Jahresmittel gemessen wurden, konnten durch
verschiedene emissionsmindernde Maßnahmen diese Werte im
Jahre 1980 auf 0.4-2 µg/m³ gesenkt werden (EWERS et al.,
1982). Im gleichen Zeitraum konnte die Bleikonzentration
im Staubniederschlag in der Nachbarschaft der Bleihütte
von bis zu 10 mg/m² auf etwa 2 mg/m²/d reduziert werden.

Verschiedene präventivmedizinische Überwachungsprogramme

haben für den Zeitraum bis etwa 1973, in Übereinstimmung
mit den o.g. hohen Blei-Immissionswerten, eine deutlich
erhöhte Bleibelastung der dort lebenden Kinder anhand des
Blutbleiwertes dokumentiert (EINBRODT et al.,1975; 1978).
Bei einem Mittelwert von 16.7 µg/dl, basierend auf Venen-
blutproben von insgesamt 404 Kindern im Alter von 2 bis
14 Jahren, konnte bei immerhin 1.5% eine Überschreitung
von 40 µg/dl festgestellt werden, während sogar 11.9%
besonders gefährdeter Innenstadtkinder im Alter zwischen
2 und 6 Jahren diesen Wert überschritten (Tabelle 1).

Da vor allem die ersten Lebensjahre als für Bleiwirkungen
auf das sich entwickelnde ZNS besonders kritisch gelten
müssen, entschlossen wir uns, solche Kinder in unsere Ziel-
gruppe aufzunehmen, deren Geburt in die Zeit vor Inkrafttreten wirksamer Sanierungsprogramme fiel. Es waren dies
Kinder, die zwischen dem 1. Juli 1968 und dem 30. Juni
1973 geboren worden waren. Nach den Unterlagen des Ein-
wohnermeldeamtes waren dies insgesamt 3669 Kinder. Alle
Eltern dieser Gruppe wurden schriftlich um die Abgabe von
Milchschneidezähnen ihrer Kinder gebeten: 587 Milchzähne
von 338 Kindern wurden 1979 gesammelt und bis zur Analyse
bei -20°C aufbewahrt. Nach Ausschluß verdorbener oder ge-
füllter Exemplare verblieben Zähne von 317 Kindern, 311
Schneidezähne, in 6 Fällen Molaren.

## 5.2.1.2  Zahn- und Blutblei-Bestimmung

Der  gegenüber der oben (s.S.52 ) beschriebenen Methode
in Aufschluß und Eichung geringfügig geänderte Analysegang
der Zahnbleibestimmung ist publiziert (EWERS et al.,1982).
Eine knappe Darstellung sollte deshalb an dieser Stelle
ausreichen: Die Zahnbleibestimmung mittels elektrothermaler
AAS erfolgte als Doppelbestimmung nach Waschen in doppelt
destilliertem Wasser, anschließendem Trocknen (12h bei 110°C),
Wiegen und Auflösen in 4 ml $HNO_3$ (65%; Merck, Suprapur),

sowie abschließender Verdünnung der abgekühlten Lösung auf
ein Volumen von 50 ml. Die Eichung erfolgte durch Zugabe
eines internen Bleistandards für jede Probe einzeln. Kon-
zentrationsangaben erfolgen in µg/g Trockengewicht oder
ppm. Der analytische Variationskoeffizient betrug 5% bei
6 µg/g, die analytische Reproduzierbarkeit über alle Kon-
zentrationsstufen 6%, und die untere Nachweisgrenze 0.15
µg/g. Die Korrelation der Bleigehalte zweier Schneidezähne
eines Kindes betrug ohne systematische Fehler r=0.86 (EWERS
et al.,1982) und entsprach damit recht genau den Ergebnissen unserer Pilot-Studie (EWERS et al.,1979; s.S.52 ).

Zusätzlich zur Bleibestimmung in den Milchzähnen wurde bei
einem Teil der Stichprobe (n=83) eine Blutbleibestimmung
durchgeführt, die auf Kapillarblutproben beruhte. Die Bleibestimmung erfolgte nach der Methode von STÖPPLER et al.
(1978), modifiziert für Mikromengen mittels AAS. Zusätz-
liche Details finden sich bei EWERS et al. (1982). Die
Kapillarblutproben wurden auf freiwilliger Basis durch
Fingerbeerenpunktion mit bleifreien Lanzetten (Fa. Environmental Associates, Bedford, Mass., USA),nach vorheriger
sorgfältiger Reinigung der Entnahmestelle am Ringfinger
der linken Hand, gewonnen. Das Blut wurde auf heparini-
sierte Kapillarröhrchen (44.7 µl der Fa. Brandt, Wertheim)
gezogen, diese mit Vinyl-Plastik (derselben Firma) versie-
gelt und bis zur Analyse bei -20°C gelagert. Von 67 der 83
Kinder konnten Doppelproben gewonnen werden.

## 5.2.1.3  Stichprobenauswahl

Die Verteilung der Zahnbleiwerte war weitgehend logarithmisch normal, mit leichten Abweichungen im oberen Bereich
(Abbildung 6). Das geometrische Mittel der Gesamtstichprobe
betrug 6.0 µg/g mit Extremwerten von 1.5-38.5 µg/g (EWERS
et al.,1982). Der ursprüngliche Selektionsplan sah vor,
Kinder aus dem unteren ( < 4.2 µg/g), dem mittleren (5.0-
7.2 µg/g) und aus dem oberen Bereich ( > 9.8 µg/g) zur neu-

ropsychologischen Untersuchung einzuladen. Gastarbeiter-
kinder wurden wegen zu erwartender Sprachprobleme in diesem Stadium der Untersuchung nicht mehr berücksichtigt.
Auch Sonderschüler blieben unberücksichtigt, weil ihre
Teilnahme zu Interpretationsproblemen unter Ursache-Wir-
kungsaspekten geführt hätte. Die Antwortquoten innerhalb
der drei PbZ-Bereiche lagen mit 74% (unterer Bereich),
77% (Mittelgruppe) und 78% (Hochgruppe) in akzeptabler
und vergleichbarer Höhe. Nach der Analyse des zweiten
Schneidezahnes, der für 89 Kinder vorlag, mußten 2 Kinder
wegen diskordanter Werte ausgeschlossen werden. Das Aus-
schlußkriterium galt als erfüllt, wenn das geometrische
Mittel beider, mindestens 3 SD auseinanderliegender Werte,
die vorgegebenen Grenzen der benachbarten Klasse über-
schritt (s.S. 54). Nach dieser durch die Zweitanalyse erforderlichen Korrektur, sowie einer Berücksichtigung der
Nichtlinearität der Eichkurve, resultierte eine im wesentlichen lückenlose Verteilung der Zahnbleiwerte.

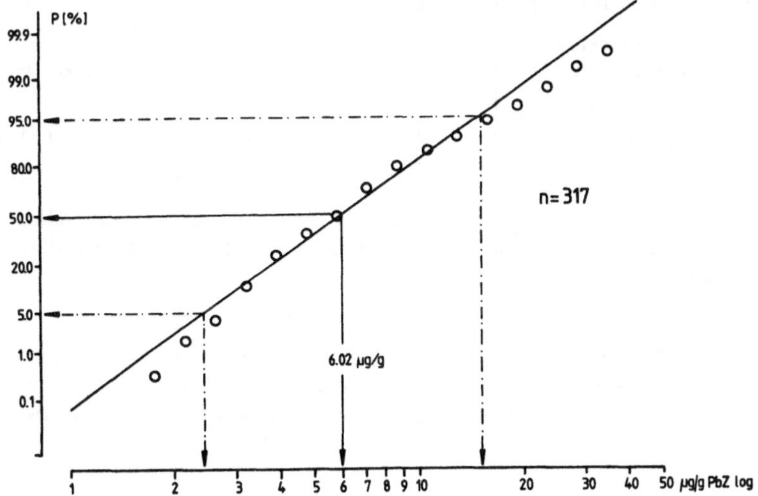


Abbildung 6:  Summenhäufigkeits-Verteilung der Zahnbleiwerte
              (log PbZ) für die Grundgesamtheit (n=317) der
              Stolberg-Studie

Tabelle 11 enthält die mittleren Zahnbleiwerte von Gruppen letztlich berücksichtigter und nicht berücksichtigter Kinder; das Durchschnittsalter der verbliebenen 115 Kinder betrug 9.4 Jahre (Bereich: 7.1-12.1 Jahre). Ihr Mittelwert von 6.2 µg/g entspricht dem der Gesamtgruppe von 6.0 µg/g (EWERS et al.,1982). Eine auffallende Abweichung zeigt lediglich die Gruppe nicht berücksichtigter, geistig behinderter Sonderschüler mit 9.9 µg/g. Auf diese, statistisch nicht gesicherte Abweichung vom Gesamtmittelwert wird noch zurückzukommen sein. Tabelle 12 nennt außerdem Kriterien prä-, peri- oder postnataler Entwicklungsrisiken, aufgrund derer insgesamt 5 Kinder von der weiteren Analyse ausgeschlossen wurden.*)

| K a t e g o r i e | n | PbZ (µg/g) geom.Mit. | Bereich (µg/g) |
|---|---|---|---|
| Angeschrieben | 163 | 6.0 | 1.5-38.5 |
| Verweigerung oder keine Antwort der Eltern | 37 | 5.7 | 1.5-25.9 |
| Getestet und berücksichtigt | 115 | 6.2 | 1.9-38.5 |
| Ausschluß wegen geistiger Behinderung (Sonderschüler) | 4 | 9.9 | 5.4-18.2 |
| Ausschluß wegen prä- oder perinataler Risiken    *) | 5 | 4.7 | 2.8- 9.6 |
| Ausschluß wegen abweichender Zweitanalyse (s.Text S.73) | 2 | 8.0 | 5.5/11.6 |

*) Geburtsgewicht ≤ 2000 g, oder Apgar ≤ 6, oder Verdacht auf Alkoholismus der Mutter während der Schwangerschaft, oder Röteln, oder "Risikogeburt"

Tabelle 11:  Zahnbleiwerte (PbZ) verschiedener Kategorien berücksichtigter bzw. ausgeschlossener Kinder, verglichen mit der Ausgangsstichprobe

---

*) Ich danke Herrn Professor E. Schmidt von der Kinderklinik II der Medizinischen Einrichtungen der Universität Düsseldorf für seine beratende Unterstützung.

## 5.2.1.4  Abhängige Variablen

Neben den schon in der Duisburg-Studie verwendeten Testverfahren, nämlich dem "Hamburg-Wechsler-Intelligenztest
für Kinder (HAWIK)", dem "Göttinger Formreproduktions-
Test (GFT)" und dem "Diagnostikum für Cerebralschädigung
(DCS)" (s.S. 56ff), kamen noch folgende Testverfahren
zum Einsatz: Zur Erfassung des Reaktionsverhaltens wurde
das "Wiener Determinationsgerät" (KLEBELSBERG, 1960) verwendet. Hierbei handelt es sich um ein in Pharmako- und
Verkehrspsychologie gebräuchliches Reaktionsgerät, bei
dem der Proband eine Zufallssequenz von Licht- und Ton-
signalen durch Tastendruck beantworten muß. Die Zahl richtiger (RR), verspäteter (VR) und falscher Reaktionen (FR)
wird pro Durchgang elektromechanisch registriert. Ein
Durchgang umfaßt 180 Signale. Drei Durchgänge zunehmender
Schwierigkeit (Signaldichte) wurden pro Kind absolviert;
nur der letzte mit den kürzesten Signalabständen gelangte
zur Endauswertung.

Zur Verhaltensbeurteilung der Kinder durch Tester (Verhalten in der Testsituation), Mütter (Verhalten in der
Hausaufgabensituation) und Lehrer (Verhalten im Unter-
richt) wurden 7-stufige Rating-Skalen formuliert, die die
Bereiche Aufmerksamkeit, Durchhaltevermögen, Ablenkbarkeit, Unruhe, Selbständigkeit und Frustrationstoleranz abdecken sollten. Zusätzlich wurde den Lehrern ein unver-
öffentlichter, aus 62 Vier-Punkte-Skalen bestehender Fragebogen gegeben, der gemäß Cluster-Analyse folgende 7 Dimensionen abdecken soll: Lokomotorische und feinmotorische Hyperaktivität, Ablenkbarkeit, emotionale Variabilität, Angst, infantile Reaktionen und asoziales Verhalten
(GROPPE. 1976). Im Rahmen dieser Fragestellung interessier-
ten vorwiegend die beiden Hyperaktivitätsskalen und die
Ablenkbarkeitsskala.

Zur Prüfung der Hypothesen zur Klasse III wurde der "Differentielle Leistungstest-KE (DL-KE)" (KLEBER und KLEBER, 1974) in gegenüber dem Original modifizierter Form, sowie ein Tapping-Test zur Erfassung des maximalen Klopftempos durchgeführt.

Der DL-KE wird von den Autoren als Test zur Pürfung von Leistungen bei konzentrierter Tätigkeit beschrieben und ist für Kinder im Vorschulalter als Durchstreichtest vom Bourdon-Typ konzipiert. Um auf unsere Altersgruppe überhaupt anwendbar zu sein, wurde die Größe der Testvorlagen zur Erhöhung der Aufgabenschwierigkeit halbiert. Durch diesen Eingriff und die andersartige Zielpopulation sind die im Testhandbuch angegebenen Gütekriterien als für unsere Version nicht mehr zutreffend anzusehen. Tatsächlich zeigten von den 8 Leistungsmaßen, die Menge, Güte und Variabilität der Testleistung beschreiben, später nur die Fehlerquote (F%) und die Fehlerschwankung (SBF%) mit r=0.19-0.28 eine zwar signifikante, aber geringe Korrelation mit dem Lehrerurteil bezüglich "ablenkbar" bzw. "konzentriert" (s. S.91).

Beim Tapping-Test zur Erfassung des maximalen Klopftempos (LANDRIGAN et al.,1975) mußten die Kinder, nach vorherigem Einüben, für 2 mal 10 Sekunden mit einem Metallstift auf eine Metallplatte klopfen; die Zahl der im Meßintervall mit der dominanten und - anschließend - mit der nicht dominanten Hand hergestellten Kontakte, wurden mit einem umgebauten Taschenrechner gezählt.

Entsprechend dem in der Duisburg-Studie geübten Vorgehen (s.S.58 ) wurden in einem weitgehend standardisierten Anamnesegespräch mit der Mutter, ersatzweise dem Vater bzw. einer anderen aussagefähigen Begleitperson (z.B. Großmutter), neben zusätzlichen soziodemographischen Daten vor allem Informationen über Risikofaktoren aus Schwangerschaft, Ge-

burtsverlauf und frühem postnatalem Entwicklungsgang erfragt und nach Möglichkeit durch Mütterpaß und Untersuchungsheft untermauert. Außerdem wurde versucht, durch
Fragen zum Spiel-, Eß- und Pica-Verhalten (Hand-zu-Mund-
Aktivität) verhaltensbezogene Expositionspfade aufzu-
klären.

## 5.2.1.5  Durchführung der Untersuchung

Die Erhebung der neuropsychologischen Daten fand zwischen
Mitte August und Anfang Dezember 1980 statt. Die Verteilung der Lehrerfragebögen erfolgte im Dezember 1980 und
der Rücklauf zog sich bis Mitte Februar 1981 hin. Die
testpsychologischen Untersuchungen fanden nachmittags in
der Nebenstelle des Kreisgesundheitsamtes Stolberg statt.
Sie dauerten 3-4 Stunden und wurden von einem Psychologie-
praktikanten und 2 Psychologie-Studentinnen im Abschluß-
semester durchgeführt, die jeweils Teilaspekte der Untersuchung im Rahmen von Diplomarbeiten behandelten (KUJANEK,
1981; LECHNER, 1982). Die Zuordnung der Kinder zu den einzelnen Untersuchern erfolgte fremdbestimmt so, daß hinsichtlich Alter, Geschlecht und Zahnbleiwert eine möglichst
gleichmäßige Besetzung resultierte. Die Anamnesegespräche
mit den Müttern bzw. Begleitpersonen führte der Verfasser;
den vor Ort tätigen Mitarbeitern waren die Belastungswerte
der jeweils eingeladenen Kinder nicht bekannt. Am Ende jeder Testsitzung wurde mit dem Einverständnis der Mutter
und des Kindes durch Fingerbeerenpunktion eine Kapillar-
blutprobe gewonnen sowie Größe und Gewicht der Kinder gemessen. Jeweils am folgenden Tage wurden den Eltern tele-
fonisch die Ergebnisse der testpsychologischen Untersuchung
mitgeteilt.

Der zweite Teil der Datenerhebung, die Gewinnung der Lehrerurteile, erfolgte mit Unterstützung des Schulamtes*)

---

*) Ich danke Herrn Schulrat Baumann vom Schulamt des Krei-
   ses Aachen für seine wirksame Unterstützung

durch Verteilung der Lehrerfragebögen an die Schulleiter
von Grund-, Haupt- und Realschulen sowie Gymnasien im Bereich der Stadt Stolberg, wobei in persönlichen Gesprächen
Zielsetzung und Verfahrensvorstellungen erläutert wurden.
Die Rücklaufquote betrug 98%.

### 5.2.1.6  Zufallskritische Datenprüfung

Um den Informationsgehalt der unabhängigen Variablen über
den ganzen Bereich von Zahnbleiwerten hinweg möglichst
vollständig auszunutzen, wurde ein regressionsstatistisches
Auswertungsmodell mit Störgrößenkorrektur gewählt, die sog.
schrittweise multiple Regressionsanalyse. Im ersten Schritt
wurden Zusammenhänge zwischen vorab als mögliche konfundierende Variablen (Störgrößen) definierten Faktoren des sozialen Umfeldes* bzw. der medizinischen Vorgeschichte und dem
Zahnbleigehalt auf Signifikanz geprüft, und zwar korrela-
tionsstatistisch bei prinzipiell stetig verteilten, und
mittels F-Test bei diskret verteilten Variablen. Im näch-
sten Schritt wurden die als signifikant mit dem PbZ zusam-
menhängend erkannten Störgrößen zusammen mit Alter und Geschlecht schrittweise zur Minderung der beobachteten Meß-
wertvariation in die multiple Regressionsanalyse eingeführt,
um im letzten Schritt Signifikanz und Ausmaß des für den
Zahnbleigehalt verbleibenden Varianzanteils zu testen. Dieses prinzipiell "konservative" Vorgehen erschien als Aus-
gleich gegen die durch Mehrfachtestung unvermeidliche Ge-
fahr einer inflationären Überhöhung des Fehlers zweiter
Art (ß-Risiko) angezeigt. Im Falle der fünf abhängigen
Variablen der Haupthypothesen (Klasse I; s.S.69 ), wurden
die nach Störgrößenkorrektur verbleibenden Residuen innerhalb der durch die Kovariaten definierten Klassen auf Aus-
reißer und auf Varianzhomogenität getestet. Gegebenenfalls
wurden die Meßwerte der jeweiligen abhängigen Variablen
durch eine geeignete logarithmische Transformation normali-

---

*) Ich danke Herrn Dr. W. Slesina vom Institut f. Medizinische Sozio-
logie für fachliche Beratung

siert*).

## 5.2.2  Ergebnisse

### 5.2.2.1  Zahnblei- und Blutbleikonzentrationen

Der durchschnittliche Zahnbleigehalt (geometrisches Mittel)
unserer Stichprobe betrug 6.2 µg/g (s. Tabelle 11) gegenüber einem von 3.9 µg/g (Bereich 1.6-9.4 µg/g) einer unbe-
lasteten Stichprobe (n=85) von Kindern der Stadt Gummers-
bach (EWERS et al.,1982).

Der mittlere Blutbleispiegel (Kapillarblut) der Teilstich-
probe freiwilliger Kinder (n=83) betrug 14.3 µg/dl (Bereich 6.8-33.8 µg/dl), wobei die EG-Richtwerte eingehalten
wurden. Die Korrelation von Zahnblei- und Blutbleiwerten
war mit r=0.47 (p < 0.001) statistisch gesichert aber nur
von mäßiger Höhe (Abb.7). Zusammenhänge ähnlicher Größenordnung wurden von ERNHART et al. (1981) berichtet.

Folgende Teilergebnisse stützen die Deutung des Zahnbleigehaltes als eines validen Indikators der langfristigen
kumulativen Bleiaufnahme (EWERS et al.,1982):

1. Kinder von Beschäftigten der Blei-Industrie haben signifikant (p < 0.001) höhere PbZ-Werte als Kinder beruflich nicht Pb-exponierter Väter;
2. mit zunehmender Wohndauer in Stolberg steigt, bei glei-
   chem Lebensalter, der PbZ (p < 0.01);
3. der PbZ korreliert signifikant (p < 0.01) mit dem Bleigehalt im Staubniederschlag, gemessen als Mittelwert
   der Jahresmittelwerte von 1973-1976 für 23 km²-Quadran-
   ten;

---

*) Ich danke Frau Ursula Krämer von der Abteilung für Phy-
   sik und Statistik des Medizinischen Instituts für Umwelthygiene für intensive Beratung und Unterstützung in allen
   Schritten der Datenverarbeitung

4. die PbZ-Werte von Geschwistern (n=21 Paare) korrelieren
   signifikant (p < 0.001) zu r=0.75 miteinander.

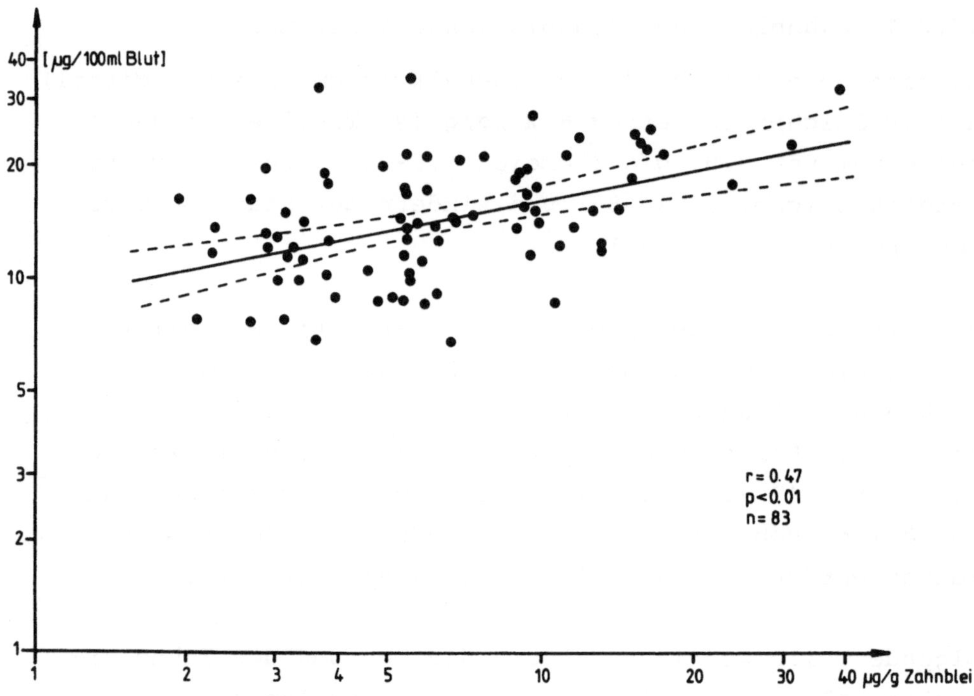


Abbildung 7: Beziehung zwischen Zahnbleigehalt (log PbZ)
             und Blutbleispiegel (log PbZ) für 83 Kinder
             der Stolberg-Studie

## 5.2.2.2  Konfundierende Variablen

Tabelle 12 enthält eine Auswahl der wichtigsten von insgesamt 52 Störgrößen aus den Bereichen Familie, soziales Umfeld und medizinischer Vorgeschichte, Hinweise auf deren
operationale Definition, sowie auf ihren Zusammenhang mit
dem Zahnbleigehalt,dargestellt als Korrelation (r) oder
als F-Wert (s.S.78 ).

Die deutlichsten Zusammenhänge mit dem Zahnbleigehalt
zeigen Variablen des sozialen Umfeldes: Kinder, deren Väter
oder Mütter als ungelernte Arbeiter klassifiziert wurden,
hatten signifikant erhöhte Werte (Tabelle 13). Es verdient
Beachtung, daß der als Index aus Berufsstatus, Schulbildung

und Einkommen des Vaters gebildete sozioökonomische Status
(SÖS) weder in der 3- noch in der 5-Stufen-Version einen
gesicherten Zusammenhang mit dem Belastungsindex zeigte.
Bei Berücksichtigung des Schultyps (Grundschule, Hauptschule, Realschule, Gymnasium) ergaben sich signifikant
erhöhte Belastungswerte für die Gruppe der 8 Hauptschüler
(s. Tabelle 13), wobei in 6 Fällen eines der Elternteile
der Kategorie "ungelernte Arbeiter" angehörte. Für die
weitere Auswertung wurden die drei hoch miteinander kor-
relierenden Störvariablen "väterlicher bzw. mütterlicher
Berufsstatus" sowie "Schulbesuch des Kindes" derart zu
einem Index verknüpft, daß Kinder, deren Väter oder Mütter ungelernte Arbeiter waren, oder die die Hauptschule
besuchten, den Index-Wert 1, alle anderen jedoch den
Wert 0 erhielten. Die so entstandene Indexvariable wurde
zur Unterscheidung von der des sozioökonomischen Status
(SÖS) ""soziohereditäres Umfeld" (SHU) genannt.

Von den übrigen in Tabelle 12 aufgeführten Variablen zeigte
die Dauer des Geburtsvorganges von den ersten regelmäßi-
gen Wehen bis zum Austreibungsvorgang - nach der Erinnerung
der Mutter - einen signifikant positiven Zusammenhang mit
dem Belastungsindex. Obwohl diese rein anamnestisch erhobenen Daten als recht unzuverlässig gelten müssen und ihre
Interpretation unklar ist, wurden sie entsprechend unserem
Auswertungsmodell (s.S. 78) als konfundierende Variable in
der multiplen schrittweisen Regressionsanalyse berücksichtigt.

| CHARAKTERISTIKA VON KIND ODER FAMILIE | | | SOZIALES UMFELD | | | ANAMNESE | | |
|---|---|---|---|---|---|---|---|---|
| Variable | Statistik | p | Variable | Statistik | p | Variable | Statistik | p |
| Geschlecht des Kindes (weibl.=1) | r= -0.02 | 0.43 | Berufsstatus[b] (Mutter) | F= 4.64 | 0.01 | Schwangerschafts-[f] risiken | r= -0.14 | 0.11 |
| Alter des Kindes | r= 0.11 | 0.12 | Berufsstatus[b] (Vater) | F= 2.96 | 0.02 | Neigung zur Frühgeburt | r= 0.01 | 0.46 |
| Schultyp[a] | F= 2.73 | 0.05 | Schulbildung[c] (Vater) | r= -0.01 | 0.46 | Geburtskomplikation[g] 0=keine | r= -0.07 | 0.24 |
| Geschwisterzahl | r= -0.03 | 0.39 | Nettoeinkommen[d] (Va.) | r= 0.03 | 0.40 | Geburtsdauer | r= 0.16 | 0.05 |
| Alter der Mutter | r= 0.03 | 0.37 | SÖS (3-St.-Vers.)[e] | r= 0.05 | 0.29 | Geburtszeitpunkt | r= -0.03 | 0.37 |
| Familienstand (1=led.) | F= 0.99 | 0.16 | SÖS (5-St.-Vers.)[e] | r= 0.05 | 0.29 | Pica Index[h] | r= 0.11 | 0.12 |
| Mutter berufstätig (berufstätig=1) | r= -0.15 | 0.06 | Wohnungsgröße (m²) | r= -0.09 | 0.18 | | | |

a 4 Kategorien: Grund-, Haupt-, Realschule, Gymnasium
b 6-Punkte-Skala: 1= Fabrikbesitzer, Top-Manager ... 6= ungelernter Arbeiter (Winneke et al. 1982)
c 5-Punkte-Skala: 1= Volksschule ... 5= Universität (Winneke et al. 1982)
d 7-Punkte-Skala: $1 \leq 750$ DM ... $7 > 3000$ DM (Winneke et al. 1982)
e 3- oder 5-Punkte-Skala: Summe von b, c, d (b gedreht) und Unterteilung in gleiche Stufen (Scheuch, 1961)
f 3-Punkte-Skala: 0=keine, 1= einige, 2= zwei oder mehr aus einer Liste von 12 Risikofaktoren (Virusinfektionen während der Schwangerschaft, Blutungen, Anämie, EPH-Gestose, Rauchen, Arzneimittel ...)
g Nabelschnur.Komplikationen, Asphyxie, Stillstand usw.
h Zeitlich gewichteter Wert, umfaßt Daumenlutschen, Nägelkauen und exessiver Oralkontakt mit Gegenständen

Tabelle 12: Enge des Zusammenhanges, ausgedrückt als Korrelationskoeffizient (r) oder als F-Wert zwischen ausgewählten konfundierenden Variablen und log PbZ

| S c h u l - T y p | | | B e r u f s - S t a t u s | | | | |
| Kategorie | n | PbZ | Kategorie | Mutter | | Vater | |
| | | | | n | PbZ | n | PbZ |
|---|---|---|---|---|---|---|---|
| Grundschule | 83 | 5.9 | Fabrikbesitzer/Topmanager | – | – | – | – |
| Hauptschule | 8 | 11.2 | Selbständig | – | – | 12 | 5.2 |
| | | | Leitende Angestellte oder entsprechende Beamte | – | – | 12 | 6.7 |
| Realschule | 9 | 5.7 | Angestellte oder Beamte | 69 | 5.4 | 42 | 6.1 |
| Gymnasium | 15 | 5.8 | Gelernte(r) Arbeiter(in) | 8 | 6.4. | 36 | 5.4 |
| | | | Ungelernte(r) Arb. | 28 | 8.2 | 13 | 10.1 |

Tabelle 13:  Mittlere PbZ-Werte (geometrisches Mittel; µg/g) verschiedener Teilstichproben, aufgeschlüsselt nach Schultyp und Berufsstatus der Eltern

## 5.2.2.3  Neuropsychologische Befunde

Die Ergebnisse der nach Hypothese I mittels multipler Regressionsanalyse geprüften Variablen zeigt Tabelle 14. Neben Alter und Geschlecht wurde vor Prüfung des Einflusses der Bleibelastung (PbZ) derjenige der Störvariablen "Geburtsdauer" und "soziohereditäres Umfeld (SHU)" geprüft: Dargestellt ist jeweils der Anteil der durch die betreffende Variable zusätzlich aufgeklärten Varianz, sowie Mittelwerte und Streuungen der Testvariablen für die Gesamtgruppe (in der ersten Zeile).

Erneut - wie bereits in der Duisburg-Studie (s.S.63 ) - sind die IQ-Werte des HAWIK gegenüber dem Erwartungswert der Eichstichprobe von 100 um mehr als eine Standardabweichung angehoben. Die Fehlerquote im GFT entspricht der der Duisburg-Studie (s.S. 65). Für den erstmals berechneten Leistungsindex des DCS und die Leistungsmaße des Wiener Determinationsgerätes fehlen entsprechende Vergleichsmöglichkeiten.

Hinsichtlich der relativen Bedeutung der einzelnen im Regressionsmodell berücksichtigten Variablen fällt auf, daß

| | | INTELLIGENZ<br>H  A  W  I  K | | | VISUOMOTORISCHE<br>INTEGRATION | | REAKTIONS-VERHALTEN<br>Wiener-Determinationsg. | | |
|---|---|---|---|---|---|---|---|---|---|
| | | V-IQ | P-IQ | G-IQ | GFT | DCS | RR | VR | FR |
| Mittelwert | | 114.3 | 114.6 | 116.5 | 21.4 | 1.1 | 106.1 | 45.1 | 4.5 |
| Streuung | | 13.1 | 13.3 | 12.7 | 6.2 | 2.0 | 43.5 | 27.0 | 3.7 |
| Geschlecht (weibl.=1) | %[a] | -1.9* | -0.3 | -1.3 | -1.4 | +0.0 | +1.4 | -0.2 | -3.4** |
| Geburtsdauer | % | -0.8 | -1.6 | -1.7* | +0.2 | -0.1 | +2.1* | -1.4 | -0.1 |
| Alter | % | +0.4 | -7.3** | -1.8 | -25.1**** | +24.1**** | +40.7**** | -33.0**** | -14.6**** |
| Sozio-heriditäres<br>Umfeld | % | -10.1**** | -2.6** | -8.1*** | +4.1*** | -1.5 | +0.2 | -0.0 | +0.9 |
| Zahn-Blei | % | -0.5 | +0.6 | -0.0 | +2.1** | +1.2 | +0.0 | -0.2 | +2.0* |

[a] (+)- oder (-)-Zeichen angegeben, um die Richtung der Veränderung anzudeuten

$* \cong p < 0.1$; $** \cong p < 0.05$; $*** \cong p < 0.01$; $**** \cong p < 0.001$

Tabelle 14: Typ I-Hypothese: Ergebnisse der schrittweisen multiplen Regressionsanalyse mit PbZ als dem letzten Schritt (erzwungene, "konservative" Lösung). Angegeben ist jeweils der %-Satz zusätzlich erklärter Varianz.

das sozihereditäre Umfeld (SHU) für die Intelligenzmaße, insbesondere die sprachlich gebundene Intelligenz (Verbal-IQ), von herausgehobener Bedeutung in dem Sinne ist, daß Kinder mit Eltern ohne abgeschlossene Lehre, verglichen mit allen anderen Kindern, deutlich erniedrigte Werte aufweisen. Für die nicht altersnormierten Werte des GFT, DCS und des Wiener Determinationsgerätes ist erwartungsgemäß das Alter der Kinder der herausragende Einflußfaktor; zwischen 14.6 und 40.7% der Gesamtvarianz werden hierdurch erklärt.

Verglichen mit diesen Werten stellt sich der Einfluß der Bleibelastung, gemessen über den PbZ, mit maximal 2.1% zusätzlich erklärter Varianz als eher gering dar. Immerhin ist festzustellen, daß nach Abzug des Einflusses aller Störvariablen im Falle der GFT-Fehlerwerte ein signifikanter ($p < 0.05$) und im Falle der logarithmierten Fehlerquote (FR) des Wiener Determinationsgerätes ein an der Signifikanzgrenze liegender Effekt der Bleibelastung verbleibt ($p < 0.1$). In beiden Fällen ist eine PbZ-Zunahme mit Leistungsminderung verknüpft. Für die Intelligenzmaße ist nach Vorwegabzug aller sonstigen Einflußgrößen ein zusätzlicher Einfluß der Bleibelastung nicht nachzuweisen.

Um die Bedeutung des Vorwegabzugs der Störvariablen auch quantitativ zu verdeutlichen, wurden entsprechende Regressionsanalysen durchgeführt, in denen der verbleibende Einfluß der Variablen PbZ nach Berücksichtigung von Alter und Geschlecht geprüft wurde. Die Ergebnisse für die Hauptvariablen zeigt Tabelle 15. Entscheidende Veränderungen gegenüber der "konservativen" Lösung ergeben sich nicht, jedoch wird der Einfluß der Bleibelastung etwas akzentuiert; im Falle des Verbal-IQ ergibt sich nunmehr ein an der Signifikanzgrenze ($p < 0.055$) liegender Effekt. Die Abhängigkeiten, wie sie sich nach dieser Lösung für die drei Hauptvariablen darstellen, sind in Abbildung 8 veranschaulicht.

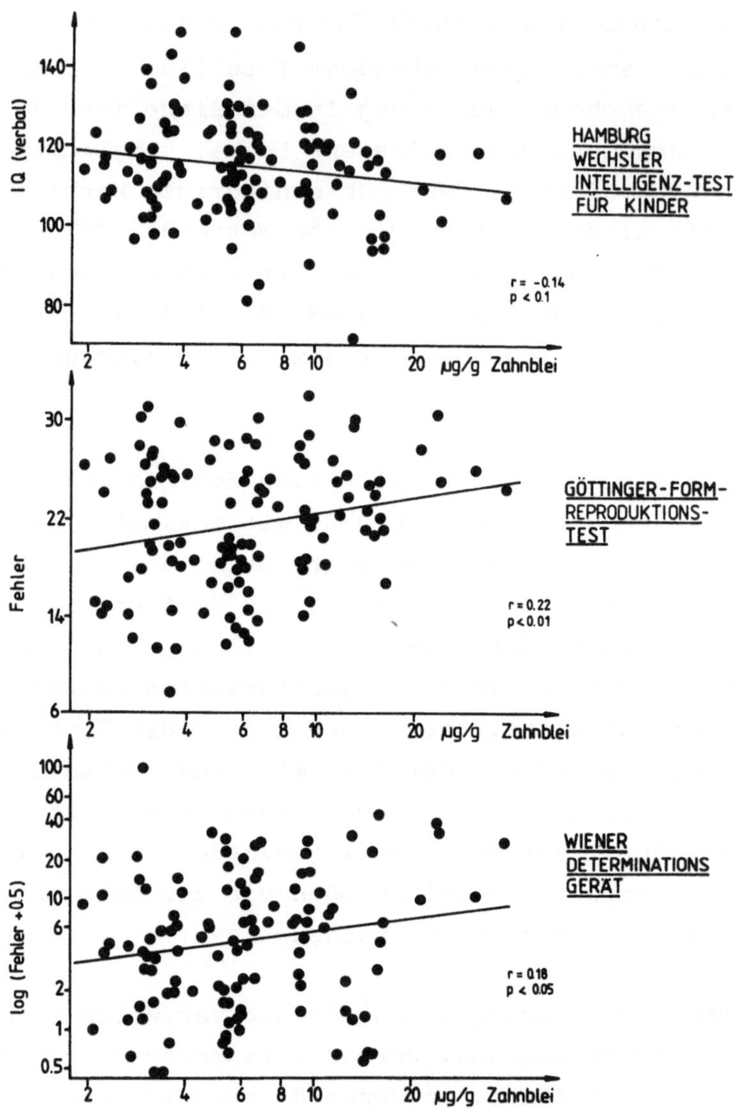



Abbildung 8: Zusammenhang zwischen Zahnbleigehalt (log µg/g) und Verbal-IQ (oben) sowie altersstandardisierten Fehlerwerten im GFT (Mitte) und Wiener-Determinationsgerät (unten)

| Variable | | PbZ an 5. Stelle (aus Tab. 14) | PbZ an 3. Stelle (aus Tab. 14) |
|---|---|---|---|
| Verbal-IQ | %[a] | -0.5 | -2.2* |
| Handlungs-IQ | % | +0.6 | +0.0 |
| Gesamt-IQ | % | -0.0 | -0.6 |
| GFT | % | +2.1** | +3.5*** |
| Wiener FR | % | +2.0* | +2.5** |

[a] (+)- oder (-)-Zeichen, angegeben, um die Richtung der Veränderung anzudeuten;
$*\mathrel{\hat{=}} p<0.1$; $**\mathrel{\hat{=}} p<0.05$; $***\mathrel{\hat{=}} p<0.01$

Tabelle 15: Vergleich der Ergebnisse von Regressionsanalyse mit PbZ an 3. und 5. Stelle. Prozent zusätzlich erklärter Varianz ist angegeben.

Diese Art der Darstellung macht vor allem das Ausmaß der Gesamtstreuung der Meßwerte um die Regressionsgeraden augenfällig.

Da die Ergebnisse multipler Regressionsanalysen, wie in Tabelle 14 dargestellt, relativ unanschaulich sind, wurde zusätzlich versucht, die Hauptergebnisse zur Hypothese I im Gruppenvergleich zu verdeutlichen, wobei allerdings ein gewisser Informationsverlust unvermeidlich war. Hierzu wurden drei Gruppen mit folgenden Klassengrenzen gebildet: "Niedriggruppe" mit PbZ $\leqslant 4$ µg/g ($\bar{x}$=3.1 µg/g), "Mittelgruppe" mit 10 µg/g $\geqslant$ PbZ $> 4$ µg/g ($\bar{x}$=6.1 µg/g) und "Hochgruppe" mit PbZ $> 10$ µg/g ($\bar{x}$=15.7 µg/g). Innerhalb dieser Grenzen wurden Mittelwerte und Streuungen der Hauptvariablen errechnet und zwar sowohl vor als auch nach Störgrößenkorrektur (Tabelle 16). Vor Störgrößenkorrektur lag der Unterschied im Verbal-IQ zwischen Hoch- und Niedriggruppe bei 7.6 Punkten, wobei die Mittelgruppe auch eine mittlere "Wirkungsprägung" zeigte (F=2.62; p= 0.08). Im Handlungs- und Gesamt-IQ waren

| Variable | a)<br>"niedrig"<br>$\leq 4\mu g/g$<br>n=36 | "mittel"<br>$4\text{-}10\mu g/g$<br>n=56 | "hoch"<br>$>10\mu g/g$<br>n=23 | p* | b)<br>"niedrig"<br>$\leq 4\mu g/g$<br>n=36 | "mittel"<br>$4\text{-}10\mu g/g$<br>n=56 | "hoch"<br>$>10\mu g/g$<br>n=23 | p* |
|---|---|---|---|---|---|---|---|---|
| Verbal-IQ | 116.6±13.0 | 115.0±12.8 | 109.0±12.9 | <0.1 | 115.9±12.7 | 114.6±12.4 | 111.3±10.2 | n.s. |
| Handlungs-IQ | 115.3±13.8 | 114.1±14.3 | 114.7± 9.9 | n.s. | 114.5±13.5 | 114.4±12.6 | 115.2± 9.4 | n.s. |
| Gesamt-IQ | 118.3±12.7 | 116.6±13.1 | 113.3±11.6 | n.s. | 117.3±12.6 | 116.5±11.8 | 115.0± 9.9 | n.s. |
| GFT (Fehler) | 21.1± 6.1 | 20.6± 5.1 | 23.9± 3.5 | <0.05 | 21.0± 5.8 | 20.6± 4.8 | 23.8± 3.2 | <0.05 |
| DCS-Index | 1.1± 1.9 | 1.1± 2.0 | 1.2± 1.5 | n.s. | 1.1± 1.9 | 1.1± 1.9 | 1.3± 1.4 | n.s. |
| Wiener RR | 101.7±30.3 | 108.1±36.4 | 108.2±30.6 | n.s. | 105.0±29.6 | 106.4±36.4 | 107.2±27.5 | n.s. |
| Wiener VR | 48.7±19.8 | 43.2±24.8 | 44.1±18.1 | n.s. | 47.3±19.9 | 43.3±24.0 | 45.6±17.4 | n.s. |
| Wiener FR | 3.7± 3.2 | 4.8± 3.0 | 5.0± 4.3 | n.s. | 3.5± 3.2 | 5.1± 2.8 | 5.1± 3.8 | n.s. |

* Signifikanzniveau zweiseitig, aufgrund von Varianzanalysen

Tabelle 16: Ergebnisse der Hauptvariablen zu Hypothese I ($\bar{x}$+SD) für Gruppen von Kindern mit "hohem", "miitlerem" und "niedrigem" PbZ <u>vor</u> (a) und <u>nach</u> (b) Störgrößenkorrektur (nach:WINNEKE, 1983)

die Unterschiede geringer und statistisch nicht gesichert.
<u>Nach</u> Störgrößenkorrektur war der Unterschied zwischen Hoch-
und Niedriggruppe auf 4.6 IQ-Punkte im Verbalteil reduziert
(F=0.91; p= 0.41).

Die Differenz der Fehlerquoten im GFT zwischen Hoch- und
Niedriggruppe betrug vor Korrektur 2.8 (F=3.48; p= 0.03)
und nach Korrektur ebenfalls 2.8 Punkte (F=3.27; p= 0.04),
was den schon aus Tabelle 15 erkennbaren Sachverhalt beleuchtet, daß das soziale Umfeld einen nur vergleichsweise
geringen Einfluß auf visuomotorische Integrationsleistungen ausübt. Im Reaktionsverahlten, insbesondere der Fehlerquote am Wiener Determinationsgerät, war im Gruppen-
vergleich - anders als im Regressionsansatz (s. Tabelle 14)
- eine signifikante Leistungsminderung der Hochgruppe im
Vergleich zur Niedriggruppe nicht nachweisbar, was mit dem
durch die Klassenbildung verbundenen Informationsverlust
zu erklären ist.

Die Ergebnisse der nach Hypothese II geprüften Variablen
beruhen auf Fragebogendaten, nämlich einer Zusammenstellung
7-stufiger Beurteilungs-Skalen für Mütter, Lehrer und Tester,
sowie eines aus 62 4-stufigen Beurteilungs-Skalen zusammen-
gesetzten Lehrerfragebogens, von dessen 7 Merkmalsberei-
chen (GROPPE, 1976) nur die Bereiche "lokomotorische" und
"feinmotorische" Hyperaktivität sowie "Ablenkbarkeit" für
unsere Fragestellung relevant erschienen (s.S.75 ).

Auf der Basis einer faktorenanalytischen Vorprüfung wurden
in einem ersten Auswertungsschritt gewichtete Summenwerte
beider Fragebögen berechnet. Das Ergebnis zeigt Tabelle 17.
Hierbei ergab sich keine signifikante Bleiwirkung. Verein-
zelte signifikante Wirkungen anderer Variablen lassen sich
folgendermaßen skizzieren:

1. Mädchen werden von den Lehrern als signifikant ruhiger
   eingeschätzt als Jungen (p < 0.05);

| Variable | | Tester[b] | Mütter[b] | Lehrer[b] | Lokomotorische Hyperaktivität (10 Items)[c] | Feinmotorische Hyperaktivität (7 Items)[c] | Ablenkbarkeit (14 Items) |
|---|---|---|---|---|---|---|---|
| Geschlecht (weibl.=1) | %[a] | -1.3 | -1.4 | -0.6 | -3.8** | -3.8** | -0.8 |
| Geburtsdauer | % | 0.5 | 1.4 | 0.1 | -0.0 | 0.1 | 0.4 |
| Alter | % | -4.4** | 0.4 | 2.3* | -1.0 | -0.0 | 3.6** |
| Sozio-hereditäres Umfeld | % | 1.2 | 0.8 | 7.5*** | 1.7 | 5.4** | 8.1*** |
| Zahn-Blei (PbZ) | % | -0.3 | 1.3 | 0.4 | 0.1 | 0.1 | 0.4 |

$* \cong p < 0.1;\ ** \cong p < 0.05;\ *** \cong p < 0.01;\ **** \cong p < 0.001$

[a] (+)- oder (-)-Zeichen angegeben, um die Richtung der Veränderung anzudeuten

[b] Rating-Skala: 1 (sehr gut)... 3 (durchschnittlich)... 7 (gar nicht)

[c] 4-Punkte-Skala: 1 (nie)... 4 (oft)

Tabelle 17: Typ II-Hypothesen: Ergebnisse der schrittweise multiplen Regressionsanalysen für Beurteilungsskalen (Summenwerte). Angegeben ist jeweils der %-Satz zusätzlich erklärter Varianz

2. Das Lehrerurteil hinsichtlich Ablenkbarkeit, feinmotori-
   scher Hyperaktivität und Verhaltensauffälligkeit im Sinne der Summenwerte aus den in Tabelle 18 genannten Ein-
   zelmerkmalen korreliert signifikant mit dem sozialen
   Umfeld, im Gegensatz zum Mütterurteil.

Zusätzlich zu der Globalbetrachtung auf der Basis der Summenwerte wurde eine Detailauswertung der 7-stufigen Rating-
Skalen für Lehrer- und Mütterurteile durchgeführt. Das Ergebnis der jeweiligen Regressionsanalysen zeigt Tabelle 18.
Während im Lehrerurteil nach Störgrößenkorrektur kaum statistisch gesicherte PbZ-Effekte verbleiben, zeigen folgende vier Skalen im Mütterurteil einen mehr oder weniger ausgeprägten Zusammenhang mit der Bleibelastung: Skala 4 ("kann
Ablenkungen widerstehen"); Skala 7 ("weiß, was sie/er aufbekommen hat"); Skala 8 ("sitzt ruhig"); Skala 9 ("beginnt
sofort mit den Hausaufgaben; trödelt nicht herum").

Demgegenüber zeigen die inhaltlich gleichen, sprachlich z.
T. geringfügig umformulierten, Lehrerskalen durchgehend
statistisch hoch gesicherte Zusammenhänge mit dem sozialen Umfeld (SHU). Diese Unterschiede zwischen Mütter- und
Lehrerurteil hinischtlich der Bedeutung sozialer Faktoren,
sind nicht dadurch zu erklären, daß der Schultyp (Hauptschule) Bestandteil des SHU-Index ist; nur bei 2 von 8
Hauptschülern überhaupt, besteht eine Diskordanz der Ko-
dierung von elterlichem Berufsstatus und Schultyp (s.S.81 ).

Die Ergebnisse der nach <u>Hypothese III</u> im regressionsstatistischen Ansatz geprüften Zusammenhänge zeigt Tabelle
19. Aus dem Durchstreichtest DL-KE (KLEBER und KLEBER,1974)
wurden nur die Variablen "Fehlerprozent (F%)" und "Schwan-
kungsbreite des F% = SB-F%" berücksichtigt, da nur sie
einen signifikanten, schwachen Zusammenhang (Validität)
zwischen r=0.19 und r=0.28 mit dem Mütter- bzw. Lehrerurteil hinsichtlich der Variablen "konzentriert" und "ab-

| Item | M Ü T T E R - U R T E I L E | | | | L E H R E R - U R T E I L E | | | |
|---|---|---|---|---|---|---|---|---|
| | Geschlecht | Alter | SHU | Pb-Zahn | Geschlecht | Alter | SHU | Pb-Zahn |
| 1 | % −1.4 | 0.4 | 1.5 | 0.3 | −0.2 | 2.0 | 6.6**** | 0.0 |
| 2 | % −0.4 | 0.6 | 0.3 | 1.1 | −0.2 | 3.5*** | 8.1**** | 0.0 |
| 3 | % −1.2 | −0.0 | 0.0 | 0.0 | −0.3 | 2.5** | 4.0**** | 0.3 |
| 4 | % −3.3*** | 1.4 | 0.0 | 1.7* | −1.4 | 0.9 | 5.6**** | 0.0 |
| 5 | % −2.8** | 1.5 | 2.0** | 0.3 | 0.2 | 0.0 | 4.1**** | 0.0 |
| 6 | % −1.4 | 0.5 | 0.7 | 0.8 | −1.0 | 2.2** | 6.2**** | 0.0 |
| 7 | % −0.1 | −0.3 | 0.3 | 2.7** | 0.0 | 4.7**** | 6.9**** | 0.7 |
| 8 | % −1.0 | 0.0 | 0.9 | 2.1** | −3.3*** | 0.0 | 1.4 | 1.7* |
| 9 | % −0.2 | 1.1 | 0.0 | 5.3**** | −0.6 | 1.3 | 2.2** | 0.0 |
| 10 | % −1.3 | 1.5 | 0.7 | 0.0 | 0.0 | 2.1** | 9.4**** | 0.0 |
| 11 | % 0.0 | 0.0 | 4.0**** | 0.6 | 0.2 | 2.5** | 4.2**** | 2.1** |

$* \stackrel{\wedge}{=} p < 0.1; \; ** \stackrel{\wedge}{=} p < 0.05; \; *** \stackrel{\wedge}{=} p < 0.01: \; **** \stackrel{\wedge}{=} p < 0.001;$

Codierungsrichtung: 1 = sehr gut ... 7 = gar nicht

| | | | |
|---|---|---|---|
| 1 = ausdauernd | 4 = kann Ablenkungen widerstehen | 7 = kennt Instruktionen | 10 = weiß Bescheid |
| 2 = bleibt bei der Sache | 5 = kann Mißerfolge verkraften | 8 = sitzt ruhig | 11 = selbständig |
| 3 = arbeitet ohne Aufforderung | 6 = konzentriert | 9 = trödelt nicht | |

Tabelle 18: Ergebnisse der Beurteilungs-Skalen auf Item-Ebene (7-Punkte-Skalen). Angegeben ist der %-Satz zusätzlich erklärter Varianz aus den multiplen Regressionsanalysen ("Geburtsdauer" wurde in der Tabelle wegegelassen, nicht jedoch in der Berechnung)

lenkbar" zeigten. Im Tapping-Test wurde das maximale Klopftempo mit der dominanten und der nicht dominanten Hand gemessen.

Keine der Zielgrößen zeigte einen signifikanten Zusammenhang mit der Variable PbZ. Lediglich für die Altersvariable sowie - in geringem Maße - für die Variable SHU ergaben sich mehr oder weniger ausgeprägte Anteile zusätzlich erklärter Varianz, die im Falle des nicht altersnormierten Klopftempos 43.7% ($p < 0.001$) erreichte.

| Variable | | Geschlecht (weibl.=1) | Geburtsdauer | Alter | SHU | PbZ |
|---|---|---|---|---|---|---|
| DL-KE (F%) | %[a] | -0.0 | -0.0 | -6.1*** | -0.1 | +0.4 |
| DL-KE (SB-F%) | % | -0.5 | -0.0 | -7.9*** | +0.3 | +1.0 |
| Tapping (dominante Hand) | % | -0.0 | +0.2 | +43.7**** | -1.3** | +0.0 |
| Tapping (nicht dominante Hand) | % | -0.2 | +0.9 | +34.6**** | -2.5** | +0.3 |

[a] (+)- oder (-)-Zeichen angegeben, um die Richtung der Veränderung anzudeuten

** $\hat{=}$ $p < 0.05$; *** $\hat{=}$ $p < 0.01$; **** $\hat{=}$ $p < 0.001$

Tabelle 19: Typ III-Hypothesen: Ergebnisse der schrittweisen multiplen Regressionsanalyse für die DL-KE-Variablen und das maximale Klopftempo. Angegeben ist jeweils der Prozentsatz zusätzlich erklärter Varianz.

## 5.2.3 Diskussion der Stolberg-Studie

Erstmals wurde mit dieser Studie gezielt der Versuch unternommen, den Stellenwert einer chronisch erhöhten Bleiaufnahme im Kindesalter im Bezugsrahmen anderer Einflußfaktoren darzustellen. Neben den biologischen Variablen Alter und Geschlecht waren dies vor allem solche Faktoren, die

aufgrund ihres erwiesenen Zusammenhanges mit dem Zahnbleigehalt einerseits, und ihres wahrscheinlichen oder gesicherten Einflusses auf wichtige Zielvariablen andererseits als konfundierende Variablen gelten mußten.

Wie bereits ausgeführt (s.S.47 ), können Bedingungen des
sozialen Umfeldes sowohl für die kognitive Entwicklung
als auch für die Bleiexposition eines Kindes bestimmend
sein. Der nach sozialwissenschaftlicher Konvention (SCHEUCH,
1961) aus Einkommen, Berufs-  Prestigestatus und Schulbildung des Vaters gebildete Index "sozioökonomischer Status
(SÖS)" zeigte keinen Zusammenhang mit dem Zahnbleigehalt
und konnte somit unberücksichtigt bleiben (s. Tabelle 12).

Andererseits wiesen Kinder, deren Mütter oder Väter als
ungelernte Arbeiter eingestuft wurden, oder die die Hauptschule als weiterführende Schule besuchten, im Vergleich
mit allen übrigen Kindern signifikant erhöhte Zahnbleiwerte auf (Tabelle 13). Aus Schulbesuch und elterlichem Berufsstatus wurde deshalb die dichotome Variable "soziohereditäres Umfeld (SHU)" mit den Indexwerten 0/1 gebildet. Wie schon erwähnt (s.S. 91),waren bei nur 2 von insgesamt nur 8 Hauptschülern weder Vater noch Mutter ungelernte Arbeiter, so daß die aus rein formalen Gründen erfolgte Berücksichtigung des Schulbesuches als Bestandteil
des SHU-Index redundante Information darstellt.

Im Falle der alternormierten Intelligenzmaße stellte SHU
die bei weitem wichtigste Varianzquelle dar, wobei erwartungsgemäß der Verbal-IQ einen besonders engen Zusammenhang erkennen ließ (Tabelle 14). Nach regressionsstatisti-
scher Berücksichtigung aller Störgrößen war ein gesicherter
zusätzlicher Einfluß der Bleibelastung auf die Intelligenzleistung nicht mehr nachzuweisen. Lediglich für den Verbal-IQ zeigte sich tendenziell im Gruppen-Vergleich (Tabelle
16) auch nach Störgrößenkorrektur eine um 4.6 IQ-Punkte

reduzierte Leistung der Hochgruppe im Vergleich zur Niedriggruppe. Es fällt jedoch schwer, diese schwache Wirkungstendenz mit der Bleibelastung in Zusammenhang zu bringen. Dies vor allem deshalb, weil einerseits gerade die Entwicklung der verbalen Intelligenz in besonders prägnanter Weise durch Faktoren des sozialen Umfeldes beeinflußt wird, und andererseits eine lückenlose Erfassung dieser Einflüsse im epidemiologischen Ansatz äußerst schwierig ist. Besonders ist darauf hinzuweisen, daß in unserem Ansatz die Intelligenz der Eltern (ERNHART et al.,1981) und die mit dem HOME-Inventar (s.S.48 ) erfaßbare Qualität der verbalen und emotionalen Zuwendung der Mutter (MILAR et al., 1980) unberücksichtigt blieben.

Anders liegen die Verhältnisse bei den nicht altersnormierten Variablen, die - wie die visuomotorische Integrationsleistung und das Reaktionsverhalten - vorwiegend vom Alter des Kindes, weit weniger jedoch vom sozialen Umfeld, beeinflußt sind. Aus diesem Grunde könnte der zwar schwache, aber statistisch gesicherte Zusammenhang zwischen der Fehlerzunahme im GFT und der Zunahme des Zahnbleigehaltes eher als Bleiwirkung gedeutet werden, zumal es sich hier offensichtlich um eine Replikation des in unserer Duisburg-Studie erhobenen Befundes handelt (Tabelle 9, S.65 ). Demgegenüber konnte im Falle des DCS, in dessen Anforderungsprofil "kognitive" Funktionen wie Lernen und Gedächtnis stärker ins Gewicht fallen als beim GFT, die Tendenz unserer Pilotstudie nicht erhärtet werden.

GFT und DCS als Test zur Prüfung visuomotorischer Integrationsleistungen,wurden zum Zwecke der Hirnschadensdiagnostik entwickelt und finden daher in der klinischen Neuropsychologie ihr eigentliches Anwendungsgebiet. Die unterschiedlichen Ergebnisse beider Tests im Hinblick auf Zusammenhänge mit der Bleibelastung, wie auch das Fehlen entsprechender Effekte im Handlungsteil des HAWIK, gegenüber dem

Verbal-Teil, lassen eine Deutung der GFT-Befunde im Sinne
hirnorganischer Funktionsstörungen als wenig fundiert erscheinen. Gegen diese Deutung spricht auch das Ausmaß des
beobachteten Effektes, der im Vergleich der Extremgruppen
(Tabelle 16) 2.8 Fehlerpunkte oder, bezogen auf die Roh-
wert-Streuung der Niedriggruppe, 0.5 Streuungseinheiten
betrug. Nach den Validierungsdaten des Testhandbuches
(SCHLANGE et al.,1972) schneiden Kinder dieses Altersbe-
reiches mit Hirnschadensverdacht aufgrund anamnestischer
oder neurologischer Hinweise um durchschnittlich etwa 10
Fehlerpunkte,entsprechend etwa 2 Streuungseinheiten, schlechter ab als gesunde Kinder; Kinder mit diagnostisch gesicherter Hirnschädigung sogar um 12.5 Fehlerpunkte, entsprechend
2.7 Streuungseinheiten. Andere Deutungsmöglichkeiten ergeben
sich, wenn man die GFT-Befunde im Bezugsrahmen der übrigen
Ergebnisse beleuchtet.

Auch für die Leistungsmaße des Wiener Determinationsgerätes
gilt, daß bei starker Altersabhängigkeit ein Einfluß sozialer Faktoren fehlt. Die Fehlerquote ließ einen schwachen,
an der Signifikanzgrenze liegenden Zusammenhang mit dem
Zahnbleigehalt erkennen. Es erscheint vertretbar, diesen
Befund mit demjenigen von NEEDLEMAN et al. (1979) zu vergleichen, die bei Kindern mit erhöhtem Zahnbleigehalt stark
verlängerte Reaktionszeiten festgestellt haben (s.S.45 ).
Methodische Unterschiede sind jedoch zu beachten: Während
in der Boston-Studie Reaktionszeiten auf akustische Signale
mit variablen Vorwarnzeiten geprüft wurden, ist die Aufgabe
am Wiener Determinationsgerät eher als ein fremdgesteuerter,
serieller Reaktionszeit-Test zu beschreiben. NEEDLEMAN et
al. (1979) interpretieren ihre Reaktionszeit-Befunde im
Sinne bleibedingter Aufmerksamkeitsdefizite. Es gibt jedoch
klare Hinweise dafür, daß Aufmerksamkeitsminderung im Re-
aktionstest stark von den Charakteristiken des jeweiligen
Reaktionszeit-Paradigmas abhängig ist. So etwa fanden
SYKES et al. (1973) beim Vergleich aufmerksamkeitsgestörter

oder "hyperkinetischer" Kinder mit unauffälligen Kontroll-
kindern keine Reaktionszeitunterschiede in einer selbst-
gesteuerten Einfach- oder Wahlreaktionsaufgabe, wohl aber
deutliche Unterschiede bei einer fremdgesteuerten, seri-
ellen Reaktionszeitaufgabe, bei der, ähnlich wie beim
Wiener Determinationsgerät, fünf Reaktionstasten fünf
Lichtsignalen zugeordnet waren. Betroffen war die Fehlerquote, nicht aber die Trefferquote. Dieses Ergebnis entspricht weitgehend den von uns erhobenen Befunden und
eröffnet damit die Möglichkeit, die am Wiener Determinationsgerät nachgewiesenen, belastungskorrelierten Leistungs-
einbußen vorläufig als Störungen der Aufmerksamkeitszuwendung zu interpretieren, und damit den Zusammenhang zu
der von NEEDLEMAN et al. (1979) formulierten Deutung ihrer
eigenen Reaktionszeitbefunde herzustellen.

Gestützt wird diese Interpretation durch einige der zu
<u>Hypothese II</u> vorliegenden Verhaltensbeurteilungen. Im
Mütterurteil wurden die Kinder nämlich hinsichtlich folgender Variablen mit zunehmendem PbZ als zunehmend auffälliger
beurteilt: "ablenkbar", "unruhig", "weiß nicht, was er/sie
aufbekommen hat" und "trödelt herum" (Tabelle 18). Inhaltlich entsprechen diese Urteile einigen der von NEEDLEMAN
et al. (1979) im Lehrerurteil ohne Störgrößenkorrektur
erhobenen Daten (s.S. 45). Allerdings waren in der vorliegenden Untersuchung die Lehrerbeurteilungen weniger aussagekräftig als die der Mütter. Als wahrscheinlicher Grund
für diese Diskrepanz ist eine Bezugssystem-Problematik anzunehmen: Während die Lehrer offensichtlich ihre Kenntnis
des sozialen Umfeldes in ihre Beurteilung mit einfließen
lassen, urteilen die Mütter anhand von Kriterien innerhalb
ihres sozio-familiären Bezugsrahmens. Dies läßt sich aus
der Tatsache schließen, daß im Lehrerurteil SHU durchgängig
einen hochsignifikanten Varianzanteil ausmacht, im Mütterurteil jedoch nicht (Tabelle 18).

Von den im Rahmen der Hypothese III geprüften explorativen Zielvariablen zeigten weder das mit dem Tapping-Test geprüfte maximale Klopftempo, noch die Leistungsmaße des Durchstreichtests DL-KE Zusammenhänge mit der Bleibelastung. Für den Tapping-Test konnte somit der Befund einer belastungsabhängigen Verlangsamung des Klopftempos auf der Basis des Blutbleispiegels von LANDRIGAN et al. (1975) für den Zahnbleigehalt als Indikator einer eher langfristigen Bleibelastung nicht bestätigt werden.

Die Annahme der Testautoren, mit dem Durchstreichtest DL-KE (KLEBER und KLEBER, 1974) würden Leistungen bei konzentrierter Tätigkeit gemessen, ist für unsere modifizierte Version und für Kinder im Schulalter offensichtlich nicht haltbar, wie die geringen Validitätskoeffizienten von maximal $r=0.28$ zwischen Fehlermenge bzw. Fehlerschwankung und Lehrer- bzw. Mütterurteil hinsichtlich "konzentriert" oder "ablenkbar" belegen (s.S.91 ). Fehlende Zusammenhänge zwischen Leistungsmaßen dieses Testes und dem Belastungsindex PbZ, stehen der oben formulierten Interpretation neuropsychologischer Bleiwirkungen im Sinne von Störungen der Aufmerksamkeitszuwendung daher nicht entgegen.

## 6. Verhaltenstoxikologische Bleiwirkungen

Die Verhaltenstoxikologie (Behavioral Toxicology) befaßt
sich mit den Gesetzmäßigkeiten von Verhaltensstörungen
durch chemische Agentien am intakten Oragnismus. In verschiedenen Übersichten ist die Breite dieser relativ
jungen Forschungsrichtung dokumentiert (WEISS and LATIES,
1972; XINTARAS and De GROOT, 1974; MITCHELL, 1982)

Als Verhalten im Sinne der experimentellen und vergleichenden Psychologie gilt die beobachtbare, motorische
Aktivität des ganzen Organismus oder seiner Teile. Oft
dient sie erkennbar der Wiederherstellung gestörter
interner oder externer Gleichgewichtszustände. In diesem Sinne läßt sich Verhalten den beiden Kategorien
"gelernt = konditioniert" und "ungelernt = unkonditio-
niert" zuzuordnen (Tabelle 20).

| V E R H A L T E N | |
| --- | --- |
| u n g e l e r n t<br>(unkonditioniert) | g e l e r n t<br>(konditioniert) |
| reaktiv oder<br>reizabhängig | klassisch kondi-<br>tioniert (PAWLOW) |
| spontan oder<br>"operant" | operant oder in-<br>strumentell kon-<br>ditioniert<br>(THORNDIKE) |

Tabelle 20:  Klassifikation von Verhalten (nach TILSON
and HARRY, 1982)

Lernen in der experimentellen Psychologie meint eine durch
Erfahrung erworbene relativ überdauernde Änderung des Verhaltens oder der Verhaltenswahrscheinlichkeit. Üblicher-
weise werden zwei Zugangswege oder Prinzipien unterschieden: Bei der sogenannten klassischen Konditionierung gemäß

PAWLOW werden Reize (Stimuli) verhaltensunabhängig derart zeitlich miteinander verknüpft, daß ein ursprünglich neutraler Stimulus die reaktionsauslösende Eigenschaft eines unkonditionierten Stimulus (US) erwirbt und so zu einem konditionierten Stimulus (CS) wird. Bei der operanten oder instrumentellen Konditionierung gemäß THORNDIKE oder SKINNER wird der Lernprozeß durch die Konsequenzen des Verhaltens, also Belohnung oder Strafe, gesteuert. Reizbedingungen, die die Wahrscheinlichkeit des Auftretens einer vorausgegangenen Verhaltensweise erhöhen, heißen Verstärker; der Vorgang der verhaltensabhängigen Darbietung eines Verstärkers heißt Verstärkung. Als positive Verstärkung bezeichnet man verhaltensabhängige Belohnung, als negative Verstärkung die Entfernung eines unangenehmen Reizes.

In die Kategorie des ungelernten oder unkonditionierten Verhaltens gehört einmal das reaktive, reizbezogene Verhalten, z.B der sogenannte Startle-Reflex auf einen lauten Schallreiz, und zum anderen das spontane, nicht erkennbar reizbezogene Verhalten. Ein Beispiel hierfür ist die motorische Aktivität, in der Regel gemessen als ortsverändernde oder lokomotorische Aktivität.

In der Verhaltenstoxikologie dominieren die verschiedenen Verfahren der instrumentellen Konditionierung einerseits und die verschiedenen Techniken der Messung der Spontanaktivität andererseits. Dies trifft in vollem Umfange auch auf die Untersuchungen zur Verhaltenstoxizität von Blei zu (BORNSCHEIN et al., 1980).

6.1 Literaturübersicht

Die folgende Übersicht ist nicht erschöpfend, sondern beschränkt sich auf die für unsere Untersuchung relevanten Aspekte; umfassendere Übersichten liegen vor, auf die verwiesen wird (EPA, 1977; BORNSCHEIN et al.,1980). Hinsichtlich verhaltenstoxikologischer Parameter beschränken wir uns auf ausgewählte Untersuchungen zum Unterscheidungs-

lernen (Diskriminationslernen) und zur Motoraktivität,
weil diese Wirkungsparameter auch unseren eigenen Untersuchungen zugrundeliegen. Zur Begründung für diese Parame-
terselektion sei auf Kapitel 6.3 verwiesen.

Der Übergang von Blei via Plazenta auf die Frucht und
während der Laktation in die Muttermilch, ist an Ratten
mehrfach gezeigt worden (s. auch S. 14 ). GREEN and GRUENER
(1974) gaben z.B. Rattenweibchen während der Trächtigkeit
und in der Stillzeit radioaktives Blei und bestimmten über
die Aktivität den Bleigehalt in den Organen von Feten und
Neugeborenen. Die Plazentapassage setzt sofort nach Blei-
applikation ein, und nach nur 24 Stunden befinden sich
trächtiges Muttertier und Frucht im Gleichgewicht. In der
Säugezeit nimmt die Bleikonzentration im Rattensäugling
stetig zu, wobei ein überproportionaler Konzentrationsanstieg im Gehirn festgestellt wurde. Entsprechend beobachteten MOMCILOVIC and KOSTIAL (1974) nach Injektion
von radioaktivem Blei 8 Tage p.i. eine achtfach erhöhte
Aktivität im Säuglingsgehirn gegenüber dem des adulten
Tieres. Nach KOSTIAL et al. (1973) ist bei enteraler Gabe
auch die intestinale Bleiresorption neugeborener Rattenjungen etwa 50 mal höher als bei adulten Tieren; zur
Frage der unterschiedlichen Aufnahmekinetik von Blei
zwischen dem heranwachsenden und dem adulten Organismus
siehe auch S. 15/16 .

Auch unter Wirkungsaspekten erweisen sich adulte Tiere
bei dem Versuch, neuropathologische Veränderungen durch
Blei zu erzielen, als auffallend resistent (PENTSCHEW,
1958). Demgegenüber konnten PENTSCHEW and GARRO (1966)
erstmals eine pathologisch verifizierbare Encephalopathie
bei Rattenjungen dadurch hervorrufen, daß sie dem Futter
laktierender Ratten zu 4% Bleicarbonat zumischten; die
daraus resultierende Bleikonzentration in der Milch betrug 46 ppm. Diese Belastung bewirkte gegen Ende der Still-

zeit bei 90% der Jungtiere hohe Mortalität und Paraplegie
der hinteren Extremitäten. Pathologisch-anatomisch waren
ödematöse Schwellung, Hämorrhagien, Erweichungsherde mit
Zystenbildung und Proliferation des gliösen Gewebes im Gehirn nachzuweisen, die in erster Linie das Kleinhirn be-
trafen, aber auch in anderen Teilen des Gehirns vorzufin-
den waren. Diese Befunde sind bei entsprechendem Expositionsmodus mehrfach bestätigt worden (KRIGMAN and HOGAN,
1974; GOLDSTEIN et al.,1974).

Wegen dieser ausgeprägten, neuropathologischen Effekte
bei hoher Dosierung ist das Expositionsmodell nach PENT-
SCHEW and GARRO vielfach auch für Untersuchungen auf
verhaltensstörende Bleiwirkungen bei subtoxischer Dosierung angewandt worden (MICHAELSON and SAUERHOFF, 1974).
Desgleichen eine Erweiterung dieses Modells mit chronischer Bleigabe an Rattenweibchen schon Monate vor dem
Decken, über Trächtigkeits- und Laktationsphase hinweg,
sowie gegebenenfalls fortgesetzter direkter Bleiexposition der Nachkommen bis zum Untersuchungszeitpunkt
(BRADY et al., 1975; REITER et al., 1978).

Im Hinblick auf unsere eigenen Untersuchungen sollen in
der folgenden Literaturübersicht exemplarisch Untersuchungen über Pb-bedingte Störungen des Unterscheidungslernens und der Motoraktivität behandelt werden.

Das Unterscheidungs- oder Diskriminations-Lernen erfolgt
nach dem Paradigma der operanten Konditionierung: Bestimmte
Reizaspekte der Umwelt werden zu Lasten anderer verstärkt,
z.B. Links- gegen Rechts-Wendung bei räumlicher Unterscheidung, oder Hell- gegen Dunkel-Muster bei visueller Diskrimination. Die Verstärkung kann negativ sein, z.B. Ent-
kommen aus dem Wasser bei Rechtswendung in einem Schwimm-
labyrinth. Leistungsmaße können sein: Fehler- oder Tref-
fer-Quoten, Reaktionslatenzen oder Zahl der Versuche bis

zum Erreichen eines Lernkriteriums. Typische Anordnungen
sind z.B.: T- oder Y-Labyrinthe, der Lashley-Sprungstand
oder Konditionierboxen nach Art der Skinner-Box.

Ziel einer von SNOWDON (1973) an Ratten durchgeführten
Untersuchung war es, die Auswirkung einer subchronischen
Bleiexposition in folgenden vier Entwicklungsperioden
zu prüfen: Pränatal, in der Laktationszeit, nach der Entwöhnung (21 d) und im Erwachsenenalter. Blei wurde durch
Injektion in die Bauchhöhle (i.p.) an 36 aufeinanderfolgenden Tagen in folgenden Stufen verabreicht: 0, 5, 8
und 12 mg Pb-Acetat/kg Körpergewicht; Blutblei-Bestimmun-
gen wurden nicht durchgeführt. Räumliches Unterscheidungslernen wurde in einem komplexen Mehrfach-T-Labyrinth
(HEBB-WILLIAMS-Labyrinth) geprüft. Nur die indirekt über
die Muttermilch exponierten Tiere der 8-mg-Gruppe zeigten
Lernleistungsstörungen, während die nach der Entwöhnung
oder adult belasteten Tiere trotz deutlicher Vergiftungs-
zeichen und erhöhter ALA-Ausscheidung im Urin (s.S.24 )
keine Einbußen erkennen ließen. Wegen 100% Abortrate der
pränatal belasteten Tiere war ein Vergleich mit dieser
Bedingung nicht möglich. Die Befunde stützen die These,
daß die frühen Stadien der ZNS-Entwicklung für Bleieinwirkung besonders vulnerabel sind.

Diese Schlußfolgerung ergibt sich auch aus Untersuchungen
an Lämmern (CARSON et al., 1974; VANGELDER et al., 1973).
CARSON et al. untersuchten Lämmer mit PbB-Werten zwischen
16 und 25 µg/dl, deren tragende Mutterschafe durch Bleifütterung auf PbB-Spiegel um 18 µg/dl gebracht worden
waren. Im visuellen Unterscheidungslernen (Simultanver-
gleich verschiedener Muster) ergaben sich signifikante
Lernleistungsstörungen nur für die "schwierige" Größenunterscheidung, nicht jedoch für verschiedene Form-Unter-
scheidungsprobleme. Demgegenüber fanden VANGELDER et al.
(1973) bei postnatal exponierten Lämmern keine Beeinträch-

tigung, obwohl PbB-Werte bis 150 µg/dl eingestellt wurden.

BRADY et al. (1975) verwendeten an Ratten das erweiterte
Pentschew-and-Garro-Modell mit präkonzeptueller, anschlies-
sender prä- und neonataler, sowie postnataler Pb-Exposition
der Nachkommen( 500 µg Bleiacetat/kg Körpergewicht), ohne
PbB-Bestimmung. Geprüft wurden Lernleistungen für Schwarz-
Weiß-Unterscheidungen in einem T-förmigen Wasserlabyrinth
(negative Verstärkung). Fluchtlatenzen und Fehlerquoten
waren bei den Bleitieren signifkant erhöht. ZENICK et al.
(1978) haben diese Befunde bei höherer Dosierung (1000 mg/
kg Körpergewicht), und ebenfalls ohne Bestimmung von Organkonzentrationen, im wesentlichen bestätigt. Sie interpretieren ihre Befunde - erhöhte Fehlerquoten bei ver-
kürzten Schwimmzeiten - als bleibedingte Störung der Aufmerksamkeitszuwendung: Die lösungsrelevanten Reizdimensionen
werden von den Tieren nicht ausreichend beachtet.

DRISCOLL and STEGNER (1976) verwendeten ebenfalls das er-
weiterte Pentschew-and-Garro-Modell mit präkonzeptueller
Bleiexpositon der Rattenweibchen und weiterführender Ex-
position der Nachkommen (2000 ppm Pb in der Diät ohne
PbB-Bestimmung). Bei einer Hell-Dunkel-Unterscheidung im
Y-Labyrinth zeigten die bleiexponierten Tiere signifikante
Lernleistungsstörungen.

Experimente über bleibedingte Störungen des Unterscheidungslernens sind auch an den Menschen näherstehenden
Spezies durchgeführt worden. So konnten BUSHNELL and
BOWMAN (1979, a,b) und RICE and WILLES (1979) an Rhesus-
Affen bei durchschnittlichen Blutbleiwerten zwischen 35
und 80 µg/dl Beeinträchtigungen des Umkehrlernens bei
Unterscheidungsproblemen nachweisen. Die Bleiexposition
erfolgte jeweils über bleiversetzte, künstlich unmittel-
bar nach der Geburt verabreichte Milch und wurde später
bis zum Testzeitpunkt über das Futter weitergeführt. Nach

Absetzen der Bleiexposition und Normalisierung der Blutbleiwerte im Alter von 4 Jahren konnten BUSHNELL and BOW-
MAN (1979, b) für die hoch bleibelasteten Tiere (80 µg/dl)
noch Beeinträchtigungen des Umkehrlernens, und damit die
Persistenz Pb-induzierter Lernleistungsstörungen, nachweisen.

Neben den geschilderten positiven Befunden über bleibedingte Beeinträchtigungen des Unterscheidungslernens bei Ratten und Schafen bzw. des Unterscheidungs-Umkehrlernens
bei Affen, liegen aber auch eine Reihe von Arbeiten vor,
in denen bleibedingte Beeinträchtigungen des Unterscheidungslernens nicht gezeigt werden konnten (BROWN et al.,
1971; HASTINGS et al., 1979; OVERMANN, 1977; SOBATKA et al.
1974). Die gleichzeitige Variation von Expositionszeit-
punkt, Expositionsmodus und Aufgabentyp erschweren jedoch die
Bewertung dieser Befunde.

Stärkere Divergenz als bei der Prüfung konditionierten
Verhaltens nach dem Modell des Unterscheidungslernens,
wurden bei Untersuchungen über bleibedingte Veränderungen
der Motoraktivität gefunden. Der besondere Stellenwert
dieses Wirkungsmodells ergibt sich aus den weiter oben
(Tabelle 5 b) geschilderten klinisch-retrospektiven
Studien über Zusammenhänge zwischen "Hyperaktivität" bei
Kindern und Bleibelastung (DAVID et al.,1972;1976).

Zur Messung der Motoraktivität kleiner Labortiere werden
verschiedene Apparaturen verwendet, wie etwa Laufräder,
Erschütterungsaufnehmer, labil gelagerte Laufplatten (sogenannte "Wackelkäfige" = jiggle cages), sowie Aktivitäts-
zähler auf Photozell- und Magnetfeldbasis. TAPP (1968)
haben jedoch durch Vergleich mehrerer Aktivitätsmaße
deren erhebliche Spezifität nachgewiesen, und somit die
Eindimensionalität des Konzeptes der Motoraktivität in
Frage gestellt. Dieser wichtige Befund muß für die Be-

wertung der nachfolgend dokumentierten widersprüchlichen
Ergebnisse beachtet werden.

In einer häufig zitierten Serie von Arbeiten berichten
SILBERGELD and GOLDBERG (1973, 1974, über bleibedingte
Hyperaktivität der Maus. Die nach dem Pentschew-and-Garro-
Modell zunächst indirekt über die Muttermilch und anschließend direkt über das Trinkwasser Pb-exponierten
Tiere (0, 2, 5, 10 mg Pb/ml) zeigten Dosis-unabhängige
Aktivitätssteigerung, die in allen Bleigruppen 300-400%
der Kontrollaktivität betrug; die Bleigruppen zeigten allerdings 30-50% Gewichtsverlust im Vergleich mit den Kontrollen. Blutbleiwerte wurden nicht gemessen, jedoch ergaben Kontrollversuche einer anderen Arbeitsgruppe
(BORNSCHEIN et al., 1977) unter sonst gleichen Bedingungen
für 5 mg Pb/ml PbB-Werte um 190 µg/dl. Unter Amphetamin
bzw. Methylphenidat (Ritalin[R]) war das Ausmaß der Aktivitätssteigerung normalisiert (SILBERGELD and GOLDBERG, 1974),
was die Autoren veranlaßte, Parallelen zur Hyperaktivitäts-
Symptomatik bei Kindern zu ziehen.

Eine starke Zunahme Pb-bedingter Motoraktivität bei Ratten
fanden SAUERHOFF and MICHAELSON (1973), die nach dem
Pentschew-and-Garro-Modell laktierenden Ratten 4% Bleiacetat im Futter verabreicht hatten, und die Jungen nach Entwöhnung im Alter von 16 Tagen auf eine dem Bleigehalt in
der Muttermilch entsprechende Diät von 25 mg Pb/kg Futter
gesetzt hatten. Das Ausmaß der Aktivitätssteigerung betrug 150-190% der Kontrollen; die Tiere waren untergewich-
tig und Blutbleiwerte wurden nicht bestimmt.

Replikationsversuche anderer Gruppen sind sowohl an der
Maus (BORNSCHEIN et al., 1977; RAFALES et al., 1979; GRAY
and REITER, 1977) als auch an der Ratte (KREHBIEHL et al.,
1976) im wesentlichen gescheitert. Befunde an der Maus
(CASTELLANO and OLIVERIO, 1976) legen sogar den Verdacht

nahe, daß allein eine massive Verzögerung der Gewichts-
entwicklung ab etwa 50% in den frühen Entwicklungsphasen
mit "Hyperaktivität" einhergeht.

Die von BORNSCHEIN et al. (1980) vorgelegte Literaturübersicht nennt 20 Arbeiten mit Messung der Motoraktivität unter Bleibelastung bei Maus, Ratte, Kaninchen oder
Rhesusaffe, von denen 9 Aktivitätssteigerung, 9 keine
Änderung der Motoraktivität und weitere 2 sogar Hypo-
aktivität fanden. In 6 der 9 "positiven" Fälle war Hyperaktivität mit Untergewicht verbunden.

## 6.2 Zusammenfassung und Schlußfolgerungen aus vorliegenden Tierversuchen

In einer größeren Zahl verhaltenstoxikologischer Tierversuche an verschiedenen Spezies sind bleibedingte Beeinträchtigungen des Diskriminationslernens gezeigt worden.
Jedoch liegen auch negative Befunde vor, ohne daß die
Gründe für diese Widersprüche klar erkennbar wären. Allerdings läßt sich aus den Untersuchungen von CARSON et al.
(1974) die Hypothese ableiten, daß zumindest beim visuellen Unterscheidungslernen die Aufgabenschwierigkeit eine
wichtige Zusatzbedingung sein kann, die bislang gezielt
aber nicht untersucht wurde. Zu dieser Frage sollten unsere
Versuche einen Beitrag leisten.

Auch ist festzustellen, daß in der Mehrzahl der Untersuchungen das Belastungsprotokoll vorwiegend auf die Doku-
mentation der "externen" Exposition, nicht, oder nur sehr
lückenhaft jedoch auf eine Beschreibung der allein wirkungs-
relevanten "internen" Exposition (Pb-Gehalt in Blut und/
oder Gehirn) abgestellt waren. Damit entfällt aber die Möglichkeit, einen Bezug zu realistischen, umweltrelevanten
Belastungen des Menschen herzustellen. Insbesondere zeigen
die mit Gewichtsverlust verbundenen Untersuchungen über
leistungsabhängige Aktivitätssteigerungen, daß vielfach

im Bereich toxischer Belastungen gemessen wurde, was die
Deutung der Befunde als "bleibedingt" verunsichert. Deshalb war es eine wichtige Randbedingung unserer Versuche,
jeweils den Zusammenhang zwischen "externer" und "interner"
Exposition darzustellen, und mit Untergewicht assoziierte
toxische Belastungsstufen zu vermeiden.

Auch schien es uns wichtig, im Bereich realistischer Bedingungen der Frage einer etwaigen bleibedingten Steigerung der Motoraktivität an einem einheitlichen Modell
weiter nachzugehen, da einerseits die neuroepidemiologischen Befunde Hinweise in dieser Richtung liefern, ohne
jedoch eine Kausalitätsdeutung zuzulassen, die vorliegenden Tierversuche jedoch andererseits eindeutige Aussagen in diesem Punkt ebenfalls nicht ermöglichen.

Ziel der in unserer Gruppe durchgeführten Tierversuche
war es somit, die verhaltenstoxische Potenz von Blei im
Bereich subtoxischer Belastungen zu demonstrieren, um so
im Experiment die Kausalitätsdeutung unserer neuroepidemiologischen Befunde abzustützen. Fragestellung, Methodik
und Ergebnisse dieser Untersuchungen werden im folgenden
Abschnitt dargestellt.

## 6.3  Eigene Untersuchungen

Zur Prüfung bleibedingter Lernleistungsstörungen wählten
wir aus folgenden Gründen das Modell des visuellen Unterscheidungslernens:

1. dieses Modell ist besonders häufig in verhaltenstoxikologischen Bleiuntersuchungen verwendet worden;

2. eine Variation der Aufgabenschwierigkeit ist gerade
   bei diesem Modell leicht zu realisieren;

3. im Gegensatz zu anderen Lernleistungen, sind solche
   des Diskriminationslernens in ontogenetisch aufstei-
   gender Reihe von der Ratte (z.B. SUTHERLAND and Mc

INTOSH, 1971), über Primaten (BLEHERT, 1966) bis hin
zum Menschen (ZEAMAN and HOUSE, 1963) erprobt worden,
so daß es als Modell kognitiver Leistungen für Explo-
rationen vom Tier zum Menschen Ansatzpunkte bietet.

Der Erfassung der Motoraktivität im Tiermodell kommt wegen der in einigen Kinderuntersuchungen beschriebenen,
Pb-korrelierten "Hyperaktivität" (Tabelle 5b; Tabelle 18)
inhaltliche Bedeutung zu. Als Versuchsmodell wählten
wir hier aus folgenden Gründen den open-field-Test:

1. es handelt sich um ein in Pharmakologie und Toxikologie verbreitetes Screening-Verfahren;

2. neben der Erfassung der Motoraktivität als lokomoto-
   rischer (Ambulation) bzw. vertikaler Aktivität (Aufrichten) liefert es mit den Variablen "Putzen" bzw.
   "Defäkation" Zusatzinformationen, die z.T. Aussagen
   über belastungsabhängige Emotionalität zulassen.

Da unsere Untersuchungen einen größtmöglichen Bezug zu
den "natürlichen" Expositionsbedingungen von Kindern in
der Nachbarschaft bleiemittierender Betriebe aufweisen
sollten, entschieden wir uns für das modifizierte Pentschew-and-Garro-Modell wie folgt: Die Bleiexposition erfolgte grundsätzlich enteral über das feste Futter, dem
wechselnde Konzentrationen des wasserlöslichen Bleiace-
tats zugemischt worden waren. 50-60 Tage vor dem Verpaa-
ren begann die Verfütterung der bleihaltigen Diäten an
160-180 g schwere weibliche WISTAR-Ratten. Während Trächtigkeit und Laktation wurde die Exposition weitergeführt,
um nach der Entwöhnung der Jungtiere im Alter von 21 Tagen bis zum Testzeitpunkt als direkte nutritive Belastung
fortgesetzt zu werden.

Dieses chronische Expositionsmodell wurde, mit gering-
fügigen Veränderungen, in den nachfolgend beschriebenen

Experimenten realisiert, die größtenteils veröffentlicht
sind (SCHLIPKÖTER und WINNEKE, 1980; KRASS et al., 1980;
WINNEKE et al., 1977; 1982b). Darüberhinaus wird auf z.T.
unveröffentlichte Befunde Bezug genommen. Im Rahmen dieser Experimente wurden folgende Problemkreise behandelt:

1. Beziehung zwischen externer und interner Bleiexposo-
   tion;

2. bleibedingte Störungen des visuellen Unterscheidungslernens;

3. bleibedingte Störungen der visuellen Reizverarbeitung;

4. bleibedingte Störungen des Vermeidungslernens;

5. bleibedingte Beeinflussung der Motoraktivität.


6.3.1  Beziehung zwischen externer und interner Blei-
       exposition

Unter externer Exposition soll die mit dem festen Futter
zugeführte Bleidosis, unter interner Exposition die dadurch eingestellten Organkonzentrationen (Pb-Blut=PbB,
Pb-Gehirn=PbG) verstanden werden. Da der Literatur zuverlässige Angaben in diesem Punkt nicht zu entnehmen waren,
wurden systematische Fütterungsversuche durchgeführt
(SCHLIPKÖTER und WINNEKE, 1980).


Material und Methoden

Blei wurde als Bleiacetat vom Hersteller (Altrogge, Lage/
Westfalen) einer Standard-Zuchtdiät (Altromin 1310 fort.)
in folgenden Konzentrationen zugemischt: 25, 75, 250, 750
und 2260 mg Pb/kg Futter. Diese Diäten wurden weiblichen
WISTAR-Ratten (Wistar WU, Ivanovas; Kisslegg/Allgäu) mit
einem Anfangsgewicht von 160-180 g maximal 150 Tage lang
verfüttert. Nach verschiedenen Zeiten wurde einigen Tieren retroorbital, in späteren Versuchen z.T. auch mittels
Herzpunktion, Blut zur PbB-Bestimmung entnommen. Diese wurden hier und in den folgenden Experimenten nach folgendem

Analysegang als Doppelbestimmung durchgeführt (GALUSKA
und SANDMANN, 1980)*): Das Blut wurde durch nasse Ver-
aschung mit Salpetersäure, Schwefelsäure und Perchlorsäure aufgeschlossen und die schwefelsaure Lösung mit
Wasser verdünnt. Störende Eisenionen wurden dabei mit
Ascorbinsäure reduziert und mit Zyanid bei pH 9.5 mas-
kiert. Dann wurde das Blei mit Ammoniumpyrrolidin-Dithiocarbamat (APDC) komplexiert und in Methylisobutylketon (MBK) aufgenommen. Die organische Phase wurde abgetrennt und zur flammenlosen Messung im Atomabsorp-
tionsspektralphotometer (AAS) in das Graphitrohr inji-
ziert. Vor der Atomisierung wurden mittels Temperatur-
programm störende Komponenten verdampft. Der Absorptions-
peak wurde bei 283.3 nm aufgezeichnet und von Hand ausgewertet**).

Ergebnisse

In der Mehrzahl der Fälle wurden pro Meßzeitpunkt nur
2-4 Tiere untersucht. Mittelwerte und Bereichsangaben
zeigt Tabelle 21. Offensichtlich werden relativ lange
Fütterungszeiträume benötigt, um befriedigend stabile
PbB-Pegel zu erzielen. Auch ist, verglichen mit dem
Menschen (s.S.11 ), eine sehr hohe tägliche Bleiaufnahme
für die einzelnen Blutbleispiegel erforderlich: Geht man
nämlich, vereinfacht, bei einer 250 g schweren Ratte von
einer durchschnittlichen täglichen Futteraufnahme von 20
g aus, so entsprechen den in Tabelle 21 aufgeführten Diäten folgende Aufnahmemengen (in mg Pb/kg Körpergewicht):

---

*) Ich danke Herrn Dr. A. Brockhaus und seinen Mitarbeitern
von der Abteilung Chemie des Medizinischen Instituts für
Umwelthygiene an der Universität Düsseldorf für die Durchführung der Analysen.

**) In späteren Versuchen erfolgte die PbB-Bestimmung auch
durch Direkteinspritzung nach der für Mikromengen modifizierten Methode von STOEPPLER et al. (1978).

2 (C), 6 (D), 20 (E), 60 (F), 180 (H) (nach SCHLIPKÖTER und WINNEKE, 1980).

| Diät | ppm | Fütterungstage 30 | 40 | 50 | 80 | 130 | 150 |
|---|---|---|---|---|---|---|---|
| C MW | 25 | - | 5.4 | 5.6 | abgebrochen | | |
| Bereich | | | 4.7-6.0 | 5.2-6.0 | | | |
| D MW | 75 | - | - | 8.1 | - | 10.7 | - |
| Bereich | | | | 7.7-8.5 | | 9.2-12.2 | |
| E MW | 250 | - | - | 15.3 | - | 18.3 | - |
| Bereich | | | | 14.3-16.3 | | 17.0-19.5 | |
| F MW | 750 | - | - | 24.2 | - | 31.2 | - |
| Bereich | | | | 22.3-26.1 | | 28.8-33.5 | |
| H MW | 2260 | 41.3 | - | - | 53.4 | - | 82.6 |
| Bereich | | 41.3 | | | 51.9-54.8 | | 82.6 |
| Kontrolle MW | | - | - | 3.4 | - | 4.7 | - |
| Bereich | | | | 3.4-3.5 | | 4.1-5.3 | |

Tabelle 21: Blutbleiwerte (µg/dl) Mittelwerte und Bereichsangaben nach Verfütterung verschiedener Bleidiäten (zwischen 25 und 2260 µg) als Bleiacetat an Ratten über einen Zeitraum von 50-150 Tagen

Aus den Daten, die TERHOEVEN (1980) in einer Dissertation vorgelegt hat, ergibt sich, daß, außer im Bereich niedriger PbB-Werte, Pb-Blut und Pb-Gehirn in vergleichbarer Höhe liegen (Abbildung 9). Dies bestätigt entsprechende Literaturangabe für adulte Tiere (s. S.13 ).

## Schlußfolgerungen

Aufgrund dieser Ergebnisse entschlossen wir uns, die verhaltenstoxikologischen Untersuchungen vorwiegend mit den Diäten E (250 mg Pb/kg Futter) und F (750 mg Pb/kg Futter) durchzuführen. Dies entspricht Pb-Werten um 20 bzw. 30 µg/dl, Werten also, die für erhöht Pb-exponierte Kinder als realistisch gelten können (s.S. 18/19 ). Im Sinne des von uns verwendeten erweiterten Pentschew-and-Garro-Modells (s.S.109) begann die Pb-Belastung der Rattenweibchen grundsätzlich 50-60 Tage vor dem Decken.

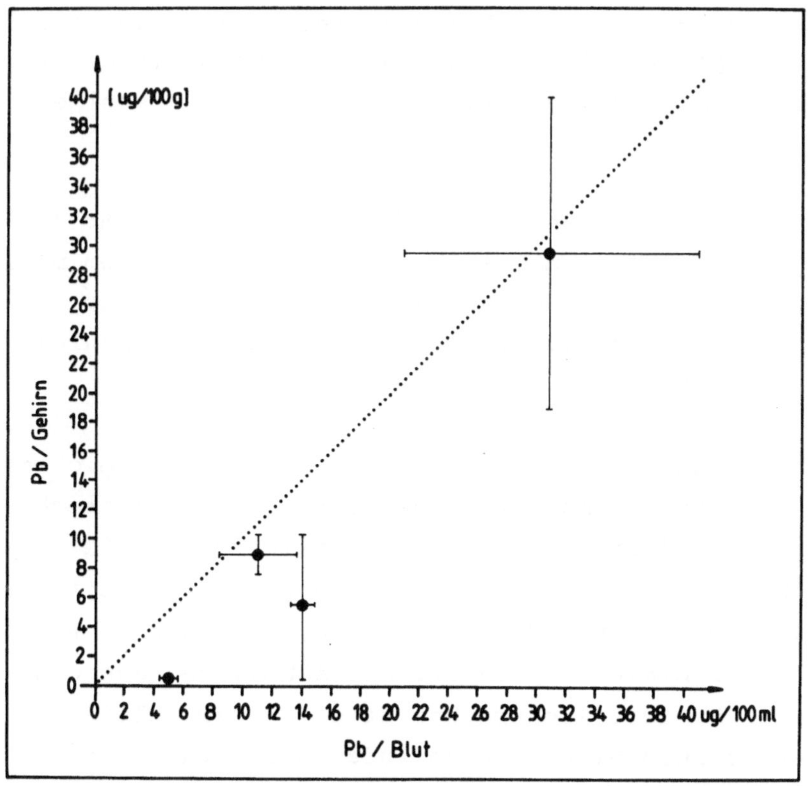


Abbildung 9:  Beziehung zwischen Blutbleispiegel (µg/100 ml) und Bleikonzentrationen im Gehirn (µg/ 100 g Feuchtgewicht). Nach: TERHOEVEN (1980)

## 6.3.2  Visuelles Unterscheidungslernen

**Experiment I (WINNEKE et al., 1977)**

Mit dieser Untersuchung sollten an der Ratte die Befunde
von CARSON et al. (1974) repliziert werden, die an Lämmern bleibedingte Lernleistungsstörungen für "schwierige",
nicht jedoch für "leichte" Unterscheidungsprobleme gefunden hatten (s.S. 103).

## Material und Methoden

Nach dem erweiterten Pentschew-and-Garro-Modell erhielten 10
weibliche WISTAR-Ratten 60 Tage vor dem Decken bis zum Zeitpunkt der Entwöhnung der Jungtiere, und ihre männlichen
Nachkommen bis zum Testzeitpunkt, die Diät F (1.38 g Blei-
acetat/kg Futter = 0.75 g Pb/kg Futter). Eine gleich große
Kontrollgruppe erhielt die gleiche, jedoch bleifreie Zucht-
diät (Altromin 1310, fort.); Pb-Gehalt laut Hersteller: 0.3
bis 0.7 mg/kg.

Im Alter zwischen 90 und 170 Tagen wurden insgesamt 40
zufällig ausgewählte, männliche Nachkommen in einem modifizierten Lashley-Sprungstand (Abbildung 10a) unter Blind-
bedingungen hinsichtlich ihrer Diskriminations-Lernlei-
stungen  getestet.

In Anlehnung an CARSON et al. (1974) wurde als "leichtes"
Problem ein Streifenmuster (senkrechte gegen waagerechte
Streifen), als "schwieriges" ein Kreismuster (großer ge-
gen kleiner Kreis) verwendet (Abbildung 10b). Jeweils 20
Tiere, 10 Kontrollen und 10 Bleitiere, wurden nach Zufall
den beiden Problemen zugeteilt. Die räumliche Lage des
"richtigen" Musters (senkrechte Streifen bzw. kleiner
Kreis) wurde nach einem festen Zufallsplan variiert.

a)  b)

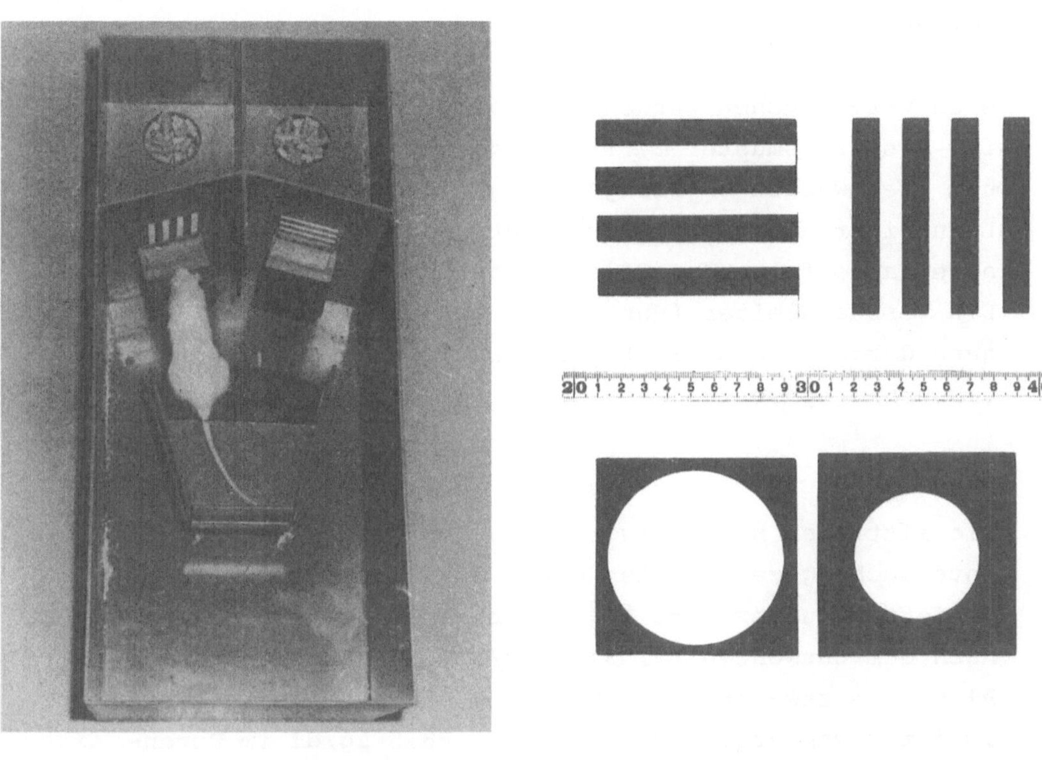

Abbildung 10:  LASHLEY-Sprungstand (a) von oben, sowie
(b) Streifen- bzw. Kreismuster aus Experimenten I und II. Die senkrechten Streifen
bzw. der kleinere Kreis (⌀ 55 mm) wurden
durch Futtergabe verstärkt.

Als positive Verstärkung diente Futterbelohnung nach Öffnen
der mit dem "richtigen" Muster bedeckten Tür. In einer
siebentägigen Gewöhnungsphase, die detailliert beschrieben
ist (WINNEKE et al.,1977), wurden die Tiere allmählich
an die Aufgabe herangeführt und zugleich, nach vorheriger
Ermittlung der individuellen Futteraufnahme, schrittweise
auf 80% ihrer spontanen Nahrungsaufnahme eingestellt; dies

diente als Motivationsgrundlage für das Unterscheidungslernen.

Nach Vorversuchen wurden für das Streifenmuster 12 und
für das Kreismuster 27 Trainingstage angesetzt. Pro Tag
und Tier wurden 15 Übungsdurchgänge absolviert. Das
Lernkriterium galt als erreicht, wenn ein Tier an zwei
aufeinanderfolgenden Tagen höchstens zwei Fehler machte.
Ein Versuchsleiter führte die Versuche unter Blindbedingung durch; die Bleifütterung wurde mit Beginn der Lernversuche abgesetzt.

Ergebnisse

Die mittleren Blutbleiwerte der Kontrolle lagen zu allen
Untersuchungszeitpunkten unter 5 µg/dl. Die der Pb-exponierten Muttertiere lagen vor dem Decken bei 24.2,
nach dem Entwöhnen bei 31.2 µg/dl, die der Nachkommen im
Alter von etwa 16 Tagen bei 26.6 und nach Versuchsende,
im Alter von etwa 190 Tagen, bei 28.5 µg/dl im Durchschnitt.

Wurfausbeute (p < 0.01) und Wurfgröße (p < 0.05) der Pb-
exponierten Tiere waren signifikant reduziert, was eine
gewisse Reproduktionstoxizität erkennen läßt. Die Gewichte der Pb-Tiere zum Testzeitpunkt waren gegenüber
denjenigen der Kontrollen um durchschnittlich ca. 20 g
erhöht (p < 0.01). Die exponierten Tiere wirkten im
äußeren Erscheinungsbild und im Spontanverhalten unauf-
fällig.

Im Unterscheidungslernen zeigten sich jedoch auffallende
Unterschiede für die schwierige Größenunterscheidung
(Abbildung 11).

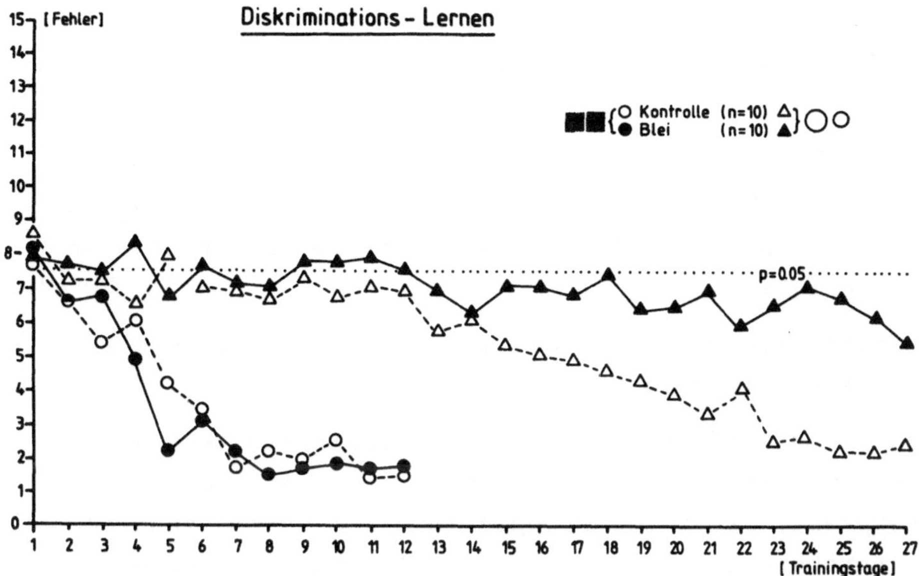


Abbildung 11:  Lernkurven für Kontrolltiere und Pb-exponierte Tiere (Experiment I). Dreiecke
repräsentieren das "schwierige" Kreismuster, Kreise das "leichte" Streifenmuster. Dargestellt sind durchschnittliche Fehlerquote pro Tag. Die punktierte
Horizontale bei 7.5 entspricht der Zufallserwartung (nach: WINNEKE et al.1977)

Während nur ein Tier der Bleigruppe das Lernkriterium in
27 Tagen erreichte, war dies bei 8 Kontrolltieren der Fall
($x^2$=9.9; $p < 0.01$). Auch anhand der Lernkurven auf der
Basis der täglichen Fehlerquoten (Abb. 11) ergibt sich
eine signifikante Lernleistungsstörung der Bleitiere für
das Kreismuster (F=15.9; $p < 0.01$). Demgegenüber lassen
die Lernkurven für das "leichte" Streifenmuster keine
Gruppenunterschiede erkennen (F=0.1; $p > 0.1$).

## Experiment II (WINNEKE et al., 1983b)

Mit diesem Versuch sollten die Ergebnisse von Experiment I
auf niedrigerer Belastungsstufe bestätigt werden.

Material und Methoden

In nur drei Punkten unterschied sich dieser Versuch von
Experiment I:

1. Wählten wir mit Diät E (s.Tab.21) eine geringere Pb-
   Belastung (250 mg Pb/kg Diät).

2. Wurden die für die Prüfung des Streifenmusters vorgesehenen Tiere zeitlich so versetzt angefüttert und
   verpaart, daß beide Gruppen in einem vergleichbaren
   Altersbereich zwischen 100 und 150 Tagen untersucht
   werden konnten.

3. Wurden zur Verringerung des Trainingsaufwandes pro
   Tier und Tag nur 12 Trials durchgeführt. Im übrigen
   entsprach das Vorgehen dem von Experiment I; die
   Lernversuche wurden "blind" von zwei Versuchsleitern
   durchgeführt. Die Bleifütterung wurde zur Einhaltung
   der Blindbedingung zu Beginn der Lernversuche eingestellt.

Neben der Messung des PbB-Spiegels der männlichen Nachkommen wurde die erythrozytäre d-ALAD photometrisch nach
dem für den Bereich der Europäischen Gemeinschaften
standardisierten Verfahren (BERLIN and SCHALLER, 1974)
gemessen. In diesem Zusammenhang wurde auch der Hämatokrit bestimmt*).

---

*) Ich danke Herrn Prof. F. Pott und seinen Mitarbeitern
   von der Abteilung Experimentelle Hygiene am Medizinischen Institut für Umwelthygiene an der Universität
   Düsseldorf für Beratung und Unterstützung bei diesen
   Messungen.

Ergebnisse

Tabelle 22 stellt die mit dem Streifenmuster getesteten
Tiere denjenigen gegenüber, die die Größenunterscheidung
des Kreismusters lernen mußten. In beiden Fällen unterschieden sich die Pb-exponierten Tiere hinsichtlich Wurfgröße und -gewicht von den Kontrolltieren nicht; im Falle
der Kreismuster bestand zum Testzeitpunkt ein geringfügi-
ger Unterschied ($p < 0.05$). Erneut waren die Pb-exponierten Tiere geringfügig schwerer als ihre altersgleichen
Kontrollen. Die im Alter von 120 Tagen gemessenen Pb-Werte
entsprachen mit 16.8 bzw. 24.9 µg/dl dem in Tabelle 21
genannten Erwartungswert für die Diät E. Erwartungsgemäß
war auch die Aktivität des Enzyms d-ALAD (s.S. 24 ) in der
Bleigruppe deutlich gehemmt, und zwar um jeweils 57% des
Kontrollwertes. Unterschiede im Hämatokrit waren erwartungsgemäß nicht vorhanden. Man kann demnach feststellen,
daß die in der d-ALAD-Hemmung früh erkennbare, Pb-bedingte Regulationsstörung die funktionelle Reservekapazität
im Prozeß der Haem-Biosynthese noch nicht ausgeschöpft hat.

Während also Zeichen einer systemischen Toxizität fehlten, zeigten die Pb-exponierten Tiere im Falle der "schwierigen" Größenunterscheidung (Kreismuster) deutliche Beeinträchtigungen: Während alle Kontrollen dieses Problem in
27 Tagen lernten, war dies nur bei 6 Tieren aus der Bleigruppe der Fall ($x^2 = 3.61$; $0.05 < p < 0.1$). Für das Streifenmuster waren dagegen keine Gruppenunterschiede nachweisbar. Die Lernkurven auf der Basis der täglichen Fehlerquoten verdeutlichen diese aufgabenabhängige Bleiwirkung (Abbildung 12).

Während im Falle des Streifenmusters die Lernverläufe beider Gruppen praktisch deckungsgleich sind ($F = 0.2$; $p > 0.1$),
zeigen im Falle der Größenunterscheidung die Kontrolltiere
einen deutlich rascheren Lernfortschritt als die Pb-exponierten Tiere ($F = 19.58$; $p < 0.001$). Der allmähliche Abfall

| | Kreismuster | | | Streifenmuster | | |
|---|---|---|---|---|---|---|
| | Kontrolle | Pb-Gruppe | p | Kontrolle | Pb-Gruppe | p |
| Wurfgröße ($\bar{x} \pm s$) | 9.4 $\pm$ 3.0 | 10.5 $\pm$ 1.4 | >0.1 | 9.4 $\pm$ 1.8 | 8.5 $\pm$ 3.8 | >0.1 |
| Wurfgewicht ($\bar{x} \pm s$) | 6.7 $\pm$ 1.4 | 5.9 $\pm$ 0.7 | >0.1 | 6.9 $\pm$ 2.0 | 6.2 $\pm$ 1.0 | >0.1 |
| Gewicht zum Test-zeitpunkt ($\bar{x} \pm s$) | 323 $\pm$ 30.5 | 353 $\pm$ 30.5 | <0.05 | 342.9 $\pm$ 45.9 | 341.2 $\pm$ 27.2 | >0.1 |
| PbB ($\mu$g/dl) | 1.3 $\pm$ 0.8 | 16.8 $\pm$ 3.5 | <0.001 | 1.5 $\pm$ 0.2 | 24.9 $\pm$ 6.5 | <0.001 |
| d-ALAD ($\mu$mol ALA/min/l Ery. | 4.47 $\pm$ 0.6 | 1.90 $\pm$ 0.4 | <0.001 | 4.09 $\pm$ 0.7 | 1.75 $\pm$ 0.5 | <0.001 |
| Hämatokrit (%) | 46.9 $\pm$ 3.7 | 48.0 $\pm$ 3.0 | >0.1 | 46.7 $\pm$ 2.1 | 48.0 $\pm$ 1.2 | >0.1 |

Tabelle 22: Toxizitäts- und Belastungs-Kennwerte für die mit dem Kreismuster bzw. dem Streifen-muster untersuchten Tiere (Experiment II)

der Fehlerkurven in Abbildung 12, der ganz ähnlich auch
schon in Abbildung 11 zu sehen ist, beruht auf einer
Mittelung von je 10 Einzelverläufen, deren "Gestalteigen-
schaften" erheblich von denen der jeweiligen Gruppenkurven abweichen. Auf diesen für die Deutung des Lern-
verhaltens einzelner Tiere theoretisch wichtigen Sachverhalt wird später noch zurückzukommen sein.

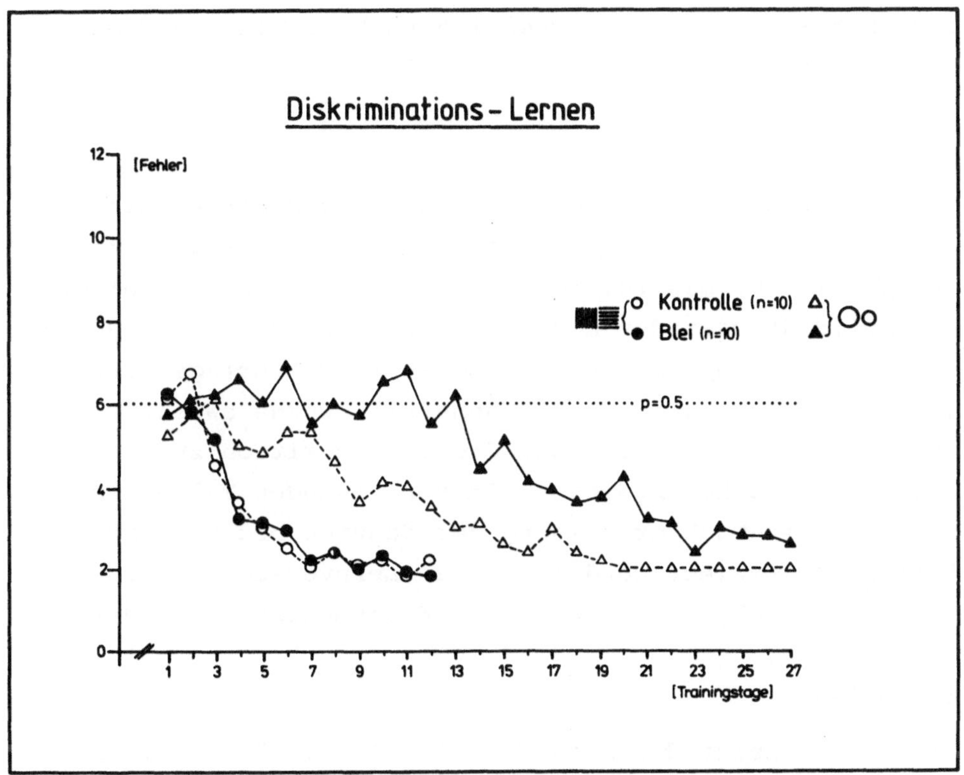


Abbildung 12:  Lernkurven für Kontrolltiere und Pb-
exponierte Tiere (Experiment II). Für
weitere Erläuterungen s. Legende zu
Abbildung 11 (S. 117)

## Experiment III (SCHLIPKÖTER und WINNEKE, 1980)

Der Vergleich der Ergebnisse der Experimente I und II
ergibt erste Hinweise auf Dosis-Wirkungsbeziehungen.
Während in Experiment I bei Blutbleiwerten um 30 µg/dl
nur eins von 10 Bleitieren, gegenüber 8 von 10 Kontrollen,
das Lernkriterium in 27 Tagen erreichte, waren dies in
Experiment II bei PbB-Werten um 20 µg/dl immerhin 6 von
10 Bleitieren gegenüber allen Kontrollen. Um die Frage
nach Dosis-Wirkungsbeziehungen direkter innerhalb eines
einzigen Versuches anzugehen, wurde das vorliegende Experiment III, sowie das anschließend beschriebene Experiment IV  durchgeführt.

## Material und Methoden

In der bereits beschriebenen Weise wurden WISTAR-Ratten
nach dem erweiterten Pentschew-and-Garro-Modell in 3
Gruppen (n=10) bis zum Testzeitpunkt entweder mit einer
Kontrolldiät oder der modifizierten Diät E (270 mg Pb/kg
Futter) bzw. der Diät F (750 mg Pb/kg Futter) gefüttert.
Wie in unseren Experimenten generell, wurde zwecks Einhaltung der Blindbedingung, die Pb-Exposition zu Beginn
der Lernversuche abgesetzt. Im vorliegenden Falle konnte
durch Vorher-Nachher-Messung der dadurch bedingte Pb-Abfall quantifiziert werden. In den Lernversuchen wurde
ausschließlich das "schwierige" Kreismuster verwendet.

## Ergebnisse

Tabelle 23 zeigt die nach Tabelle 21 (S.112) im Erwartungsbereich liegenden PbB-Werte zu Beginn der Lernversuche, sowie deren weitgehende Normalisierung nach 4-
wöchigem Pb-Entzug. Auch die ALA-D-Hemmung ist nach Versuchsende weitgehend wieder zurückgebildet, verglichen
etwa mit den in Tabelle 22 angegebenen Werten. Auch sind
keine Unterschiede im Hämatokrit nachweisbar.

| | Kontrolle | 270 mg/kg | 750 mg/kg |
|---|---|---|---|
| PbB (µg/100 ml)<br>vor Lernversuch | 3.75 ± 2.71 | 17.83 ± 1.47 | 28.6 ± 4.3 |
| PbB (µg/100 ml)<br>nach Lernversuch | 1.95 ± 1.16 | 2.12 ± 0.62 | 5.47 ± 2.33 |
| ALA-D<br>(µMol/min/ml Ery.) | 4.72 ± 1.39 | 4.36 ± 0.55 | 3.39 ± 0.55 |
| Hämatokrit<br>(%) | 47.2 ± 1.8 | 47.3 ± 1.3 | 46.8 ± 1.6 |

Tabelle 23: Blutbleiwerte ($\bar{x}$+SD) vor und nach Durchführung
des Lernversuches mit Absetzen der Bleifütte-
rung, sowie ALA-D-Wert und Hämatokrit, ebenfalls
nach Durchführung des Lernversuches gemessen.

Im Lernversuch schafften nur ein Kontrolltier, aber je
3 Tiere in beiden Bleigruppen, die Lernaufgabe in 27 Tagen nicht (Abbildung 13).

Die Kontrolltiere benötigten im Mittel 19, die beiden Bleigruppen 23 Tage bis zum Erreichen des Kriteriums. Dieser
Unterschied, ohne erkennbare Wirkungsabstufung innerhalb
beider Bleigruppen, blieb oberhalb konventioneller Signifikanzschranken (p < 0.1). Gruppenunterschiede anhand der
Fehlerkurven waren nicht signifikant nachweisbar.

Da im vorliegenden Experiment III bleibedingte Lernleistungsstörungen nur ansatzweise, Dosis-Wirkungsbeziehungen
aber überhaupt nicht erkennbar waren, wurde der Versuch
zu einem späteren Zeitpunkt als Experiment IV wiederholt.

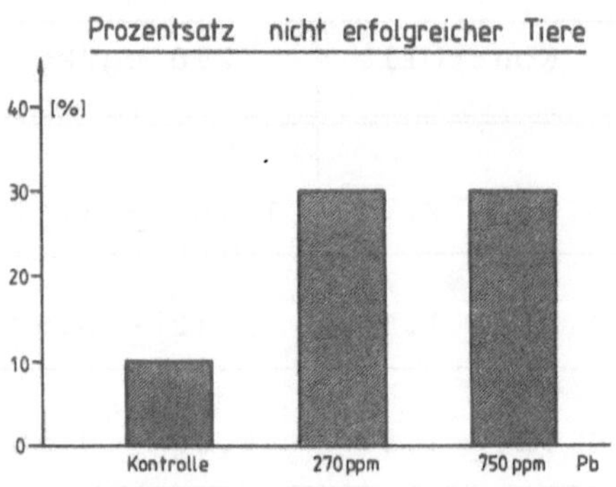


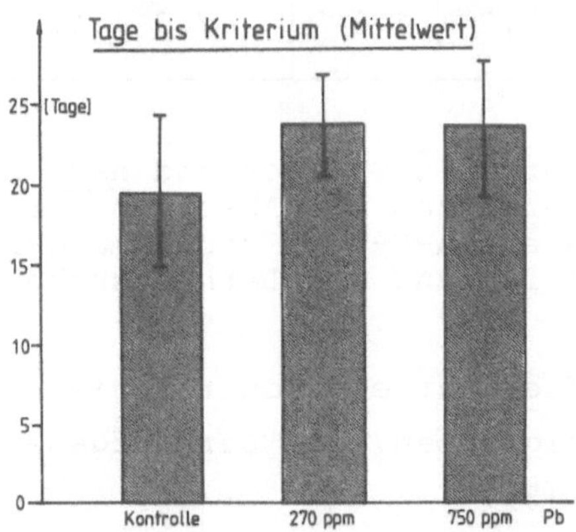


Abbildung 13:   Prozentsatz der Tiere, die das Lernkriterium
in 27 Tagen nicht erreicht hatten (oben) so-
wie mittlere Lerndauer in den 3 Gruppen (Experiment III)

## Experiment IV (WINNEKE et al., 1982)

Das vorliegende Experiment wurde im Rahmen eines umfang-
reicheren Versuches durchgeführt, in dem in erster Linie
Bleiwirkungen auf aktives Vermeidungslernen geprüft werden sollte. Ziel dieses Experimentes war die Darstellung
von Dosis-Wirkungsbeziehungen für beide Lernmodelle. An
dieser Stelle sollen lediglich die Ergebnisse zum visuellen Unterscheidungslernen referiert werden. Auf die
Befunde zum Vermeidungslernen unter abgestufter Bleibe-

lastung wird an späterer Stelle eingegangen (s.S.138 ).

Material und Methoden

Nach dem erweiterten Pentschew-and-Garro-Modell wurden
WISTAR-Ratten prä- und postnatal in 4 Gruppen nutritiv
bleiexponiert: 0 (Kontrolle), 80 (Diät D), 250 (E) und
750 mg Pb/kg Futter (F). Im Alter zwischen 190 und 250
Tagen wurden je 10 Tiere aus den Gruppen Kontrolle, E
und F "blind" im Unterscheidungslernen (Kreismuster)
getestet; Gruppe D wurde wegen des erheblichen Unter-
suchungsaufwandes hier ausgelassen, nicht jedoch später
in den zu referierenden Untersuchungen zum Vermeidungslernen.

Ergebnisse

Weder hinsichtlich der mittleren Wurfgröße (9.8/10.2/10.0)
noch hinsichtlich der Gewichte zum Testzeitpunkt (370$\pm$
35 g / 377$\pm$28 g / 366$\pm$25 g) unterschieden sich die Versuchsgruppen signifikant voneinander.

Während die Kontrollen im Durchschnitt 14 Tage bis zum
Erreichen des Lernkriteriums benötigten, brauchten die
Tiere der Gruppe E 24 Tage und die der Gruppe F 21 Tage
(F=9.13; p < 0.001). Post-hoc durchgeführte Mittelwerts-
vergleiche zeigten, daß beide Bleigruppen von den Kon-
trollen, nicht jedoch voneinander verschieden waren.

Die Darstellung der Lernkurven auf der Basis der täglichen Fehlerquoten bestätigt dieses Ergebnis (Abbildung
14). Beide Pb-exponierten Gruppen zeigen deutlich erhöhte
Fehlerquoten (F=10.8; p < 0.001). Eine Wirkungsabstufung
zwischen den Bleigruppen besteht nicht.

In diesem Zusammenhang ist erneut (s.S. 118) festzustellen,
daß die in Abbildung 14 dargestellten Gruppenkurven das

Lernverhalten einzelner Tiere nur mangelhaft repräsentieren.

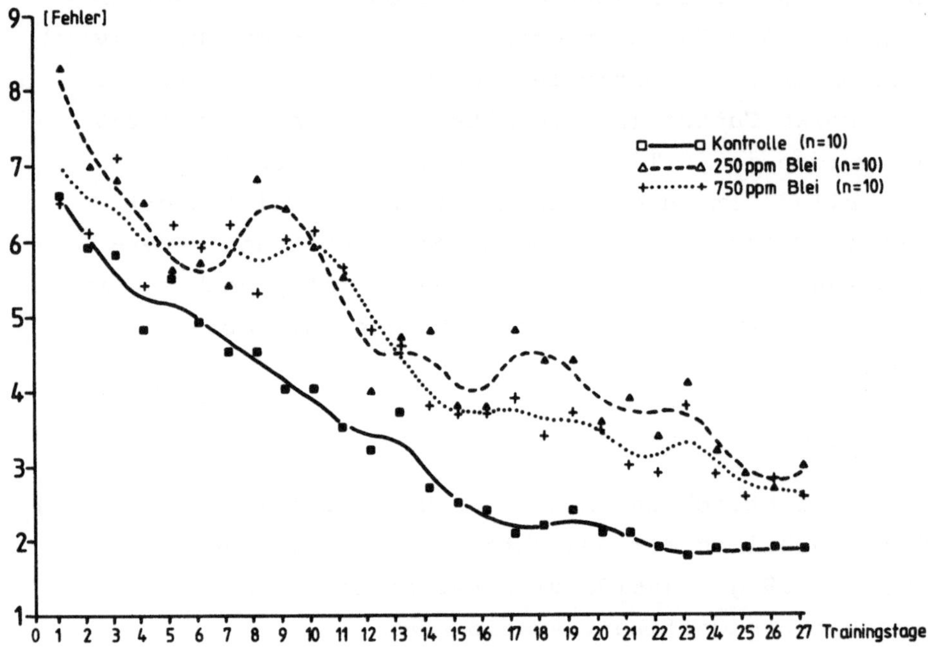


Abbildung 14:  Lernkurven auf der Basis mittlerer, täg-
licher Fehlerquoten aus Experiment IV.
Bei 12 Durchgängen pro Tag sind rein nach
Zufall 6 Fehler zu erwarten.

Dies wird auch aus Abbildung 15 deutlich, in der Lernverläufe willkürlich herausgegriffener Einzeltiere dargestellt sind. Offensichtlich lassen sich in der Mehrzahl
der Fälle zwei Kurvenabschnitte unterscheiden: Eine initiale,
"stumme" Phase mit Oszillation um die Zufallserwartung ohne
sichtbare Leistungsverbesserung, sowie ein terminaler,
steiler Leistungszuwachs, der die eigentliche Lernphase
darstellt. Sofern ein Tier in der Zeit überhaupt lernt,
lernt es offensichtlich ziemlich abrupt, und der Verlauf
dieses terminalen Abschnittes scheint zwischen den Tieren

nicht zu differieren. Unterschiede zwischen den Tieren zeigen
sich fast ausschließlich in der Länge der "stummen", initia-
len Latenzperiode. Dadurch, daß der Beginn des terminalen
Leistungsanstieges für verschiedene Tiere auf verschiedene
Trainingstage fällt, entsteht bei der Mitteilung individueller Verläufe zu einer Gruppenkurve der Eindruck eines ste-
tigen Lernfortschrittes (Abbildungen 11, 12 und 14).

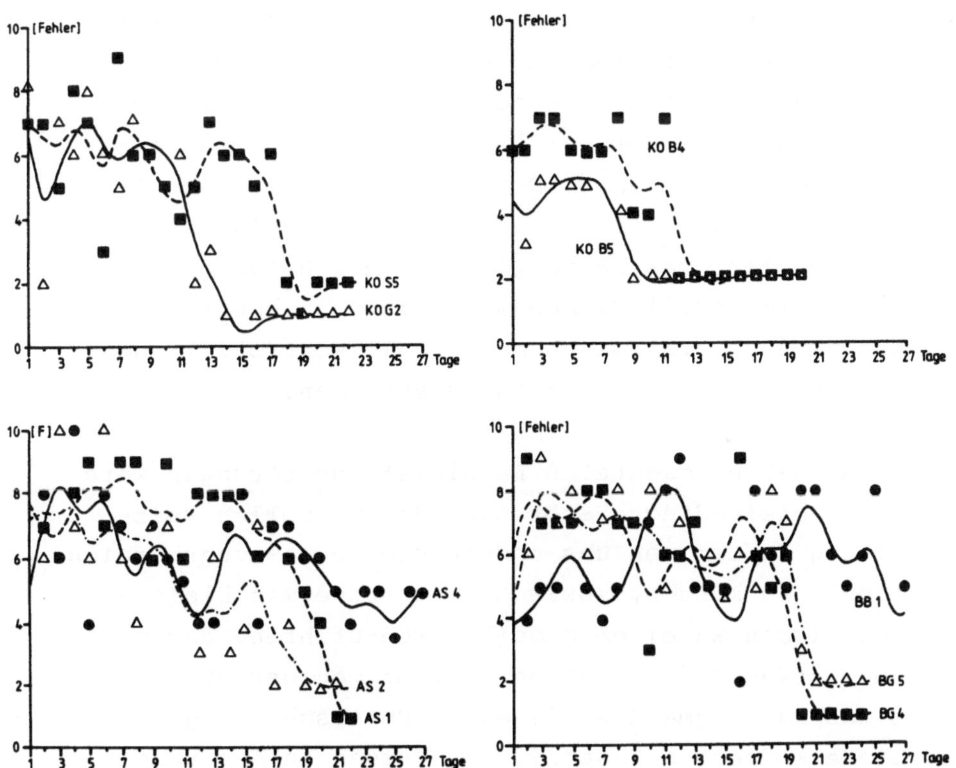

Abbildung 15:  Lernverläufe einzelner Tiere auf der Basis täg-
               licher Fehlerquoten. Die Datenanpassung erfolg-
               te mittels Spline-Funktion (Glättung durch Pa-
               rabel-Anpassung)

Auf die theoretischen Implikationen des in Abbildung 15
verdeutlichten 2-Phasen-Modells des Unterscheidungslernens wird in der Diskussion noch zurückzukommen sein. Es
sei aber schon hier darauf verwiesen, daß dieser bipha-
sische Verlauf des Diskriminationslernens ZEAMAN and HOUSE

(1963) aufgrund ihrer Untersuchungen an geistig behinderten
Kindern veranlaßte, Aufmerksamkeitsprozessen bei dieser
Art des Lernens besondere Bedeutung zuzuerkennen.

Schlußfolgerungen aus den Experimenten zum visuellen
Unterscheidungslernen

Nach den hier dargestellten Befunden ist kaum daran zu
zweifeln, daß bei einem chronisch prä-, neo- und postnatal auf ca. 16-20 bzw. 30 µg/dl angehobenen Blutbleispiegel bei Ratten Leistungen im visuellen Unterscheidungslernen aufgabenabhängig beeinträchtigt sind: Diese
Beeinträchtigung ist nur bei "schwierigen" Unterscheidungsproblemen nachweisbar. Der Grad der Beeinträchtigung zeigt innerhalb der von uns geprüften Belastungsstufen keine klare Dosisabhängigkeit; der Bereich, in
dem nach diesem Modell Wirkungsabstufung zu erwarten
wäre, ist demnach als zwischen 5 µg/dl (Kontrolle) und
16 µg/dl (Experiment II) liegend anzunehmen.

Zur Deutung der beobachteten Lernleistungsstörungen wäre
es wichtig, bleibedingte Störungen der visuellen Reizverarbeitung in dem von uns abgedeckten Belastungsbereich
ausschließen zu können, sowie Lernversuche mit bleiexponierten Tieren an einem Modell durchzuführen, das vom
Funktionszustand des visuellen Systems weniger abhängig
ist, als das Paradigma des visuellen Unterscheidungslernens. Diese klärenden Zusatzfragen werden in den beiden
folgenden Abschnitten behandelt.

6.3.3  Visuelle Reizverarbeitung

Die Möglichkeit bleibedingter Störungen der visuellen
Reizverarbeitung ist begründet, seit BUSHNELL et al.
(1977) Beeinträchtigungen des skotopischen Sehens an Pb-
exponierten Rhesusaffen nachweisen konnten; obwohl der
PbB-Spiegel der hochbelasteten Tiere zum Testzeitpunkt

nur 85 µg/dl betrug, waren vorher im Expositionsverlauf
PbB-Werte bis 300 µg/dl gemessen worden. Eine Mittelgruppe mit einem PbB von 55 µg/dl im Durchschnitt, zeigte keine Beeinträchtigungen.

Auch ist in diesem Zusammenhang auf Befunde von FOX et
al. (1977) zu verweisen, die am Modell visuell evozierter Potentiale (VEP) an Ratten bei Blutbleiwerten um
65 µg/dl verlängerte Spitzenlatenzen der Hauptkomponen-
ten fanden, während andererseits FEENEY et al. (1979)
am gleichen Modell Latenzzeitverkürzung beobachteten.

## Experiment I (WINNEKE, 1979)*)

Zur Prüfung der Frage, ob Störungen der visuellen Reizverarbeitung für die von uns beobachteten Störungen des
visuellen Unterscheidungslernens Pb-exponierter Ratten
verantwortlich sein können, wurden Untersuchungen am Modell visuell evozierter Potentiale durchgeführt.

### Material und Methoden

Weibliche WISTAR-Ratten wurden 60 Tage vor dem Decken mit
folgenden Diäten angefüttert: Kontrolle, 750 mg Pb/kg (F),
2260 mg Pb/kg (H) und 6740 mg Pb/kg (I). Diesen Diäten
entsprachen bei den Müttern folgende Blutbleiwerte:<5
(Kontrolle), 24 (F), 53 (H) und 87 µg/dl (I). Bei ihren
weiterexponierten Nachkommen wurden im Alter zwischen 110
und 190 Tagen folgende PbB-Werte gemessen: < 5 (Kontrolle),
29 (F), 40 (H) und 64 µg/dl (I). Im Alter zwischen 150 und
190 Tagen wurden entsprechend dem Vorgehen von FODOR et al.
(1973) Silber-Schraubelektroden epidural, wie folgt, implan-

---

*) Dieses und das folgende Experiment wurden in der Ab-
teilung für Toxikologie des Medizinischen Instituts
für Umwelthygiene durchgeführt. Ich danke Herrn Dr.
G.G. Fodor, meinem langjährigen Chef, für die Vermitt-
lung seiner umfassenden Erfahrungen auf dem Gebiet der
Neurotoxikologie, sowie Frau K. Sveinsson und Herrn
K.-H. Redelings für die technische Assistenz.

tiert: Unter Evipan-Narkose wurde die Schädeldecke frei-
gelegt und diagonalsymmetrisch um den Schnittpunkt von
Sagittal- und Coronarnaht mit einem Zahnbohrer angebohrt;
eine fünfte Bohrung für die Referenzelektrode erfolgte
ca. 10 mm vor der Coronarnaht in der Medianlinie des Na-
senbeins (s. Abb. 17). In diese Bohrungen wurden AgCl-
Elektroden eingeschraubt und mit einer dick über die ge-
samte Operationsfläche aufgetragenen Paladur$^R$-Schicht
fixiert. Von den vier aktiven Elektroden befanden sich
somit je zwei über der area striata und der area fronto-
polaris.

Frühestens fünf Tage nach der Operation wurden die Tiere
unter leichter Äthernarkose in einem von reflektierenden
Wänden umgebenen glasklaren Plexiglas-Käfig an das Ab-
leitesystem angeschlossen, das über eine drehbare Schleif-
kontaktanordnung (FODOR and FISCHER, 1978) mit den EEG-
Verstärkern (Fa. Schwarzer) verbunden war (Abbildung 16).

Als Reize dienten Lichtblitze eines Photostimulators
(Knott) von konstanter submaximaler Helligkeit, die mit
einer Frequenz von 0.5 Hz und einer Dauer von 10 µs an-
geboten wurden. Die Periodendauer betrug 250 ms, und die
Mittelung der verstärkten, reizkontrollierten EEG-Sig-
nale erfolgte in einem kleinen Laborrechner (DIDAC 4000,
Fa. Intertechnique) bei 100 Mittelungschritten pro Sig-
nal. Wegen der in Vorversuchen ermittelten Abhängigkeit
des VEP vom Vigilanzgrad, wurden nur solche EEG-Abschnitte
zur Mittelung zugelassen, die eindeutig im Schlafzustand
des Tieres abgeleitet waren. Als Kriterium des Aktivitäts-
oder Vigilanzgrades diente gemäß FODOR et al. (1973) das
fortlaufend bei langsamem Papiervorschub (3 cm/min) als
Hüllkurve geschriebene Spontan-EEG.

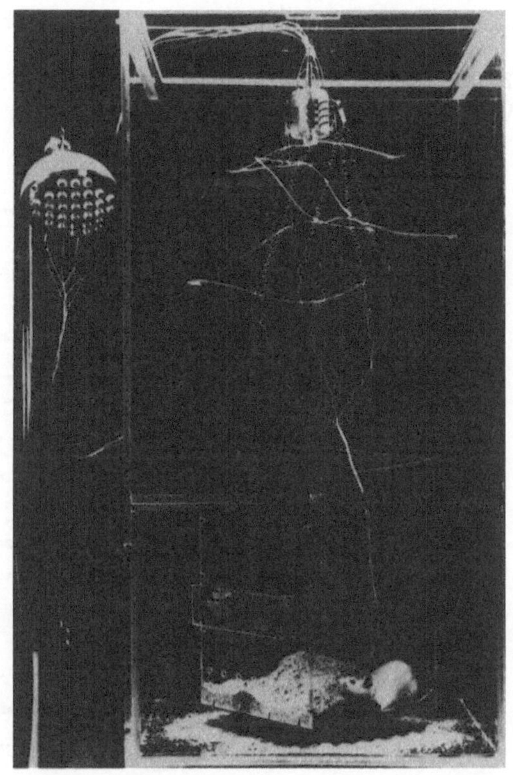

Abbildung 16:  Ableitsystem nach FODOR für Langzeit-EEG-
               Ableitungen an freibeweglichen kleinen Na-
               gern. Kern des Systems ist die oben schwach
               erkennbare, zylindrische Schleifkontakt-An-
               ordnung (FODOR and FISCHER, 1978)

## Ergebnisse

Von den insgesamt 4 Ableitungen, 3 unipolaren und einer
bipolaren, ergaben nur die unipolar von den bilateral über
der area striata sitzenden Elektroden abgeleiteten Potentiale ausreichend prägnante Kurvenverläufe (Abbildung 17).
Die dargestellten VEPs basieren auf je 10 Tieren pro Be-
dingungsgruppe, mit Einzelpotentialen auf der Grundlage
von je 100 Mittelungsschritten. Ausgewertet wurden der
erste negativ gehende Peak bei etwa 50 ms ($N_1$) und der
breite, gelegentlich leicht bimodale Peak bei etwa 150 ms
Spitzenlatenz ($P_2$).

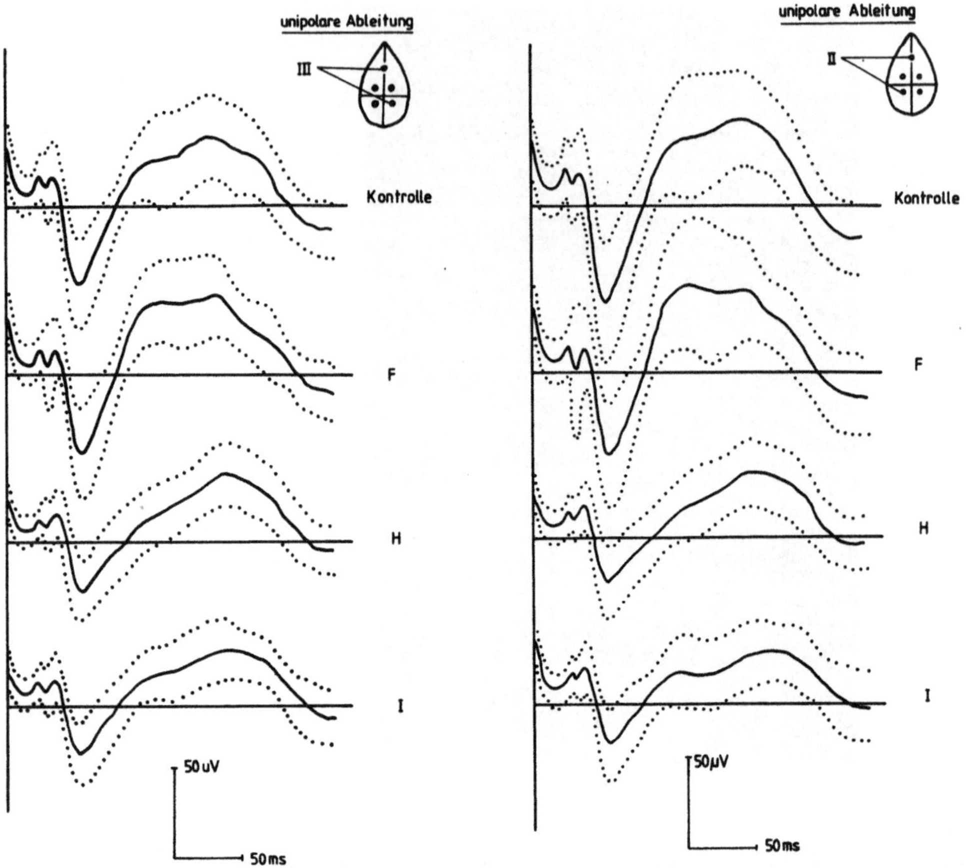



Abbildung 17:  VEPs als Gruppen-Mittelwerte (Streuung punk-
tiert), basierend auf je 10 Tieren/Gruppe.
Es handelt sich um unipolare Ableitungen von
symmetrisch zur Sagittalnaht über der A. striata sitzenden Elektroden. Die Gruppen F, H und
I repräsentieren steigende PbB-Werte von 29,
40 und 64 µg/dl (aus: WINNEKE, 1979).

Gruppenunterschiede in der Spitzenlatenz waren weder für

$N_1$ noch für $P_2$ nachweisbar. Demgegenüber erscheinen die

VEP-Amplituden der Gruppen H und I gegenüber derjenigen

der Kontrollgruppe deutlich reduziert, während das VEP

der Gruppe F im Vergleich zur Kontrolle nicht wesentlich

verändert erscheint. Diesen Eindruck bestätigt die gra-

phische Betrachtung der Gruppenmittelwerte (Abbildung 18).

Erst bei Blutbleiwerten deutlich oberhalb 30 µg/dl sind

die Amplituden der Komponenten $N_1$ (p $<$ 0.01), $P_2$ (p $<$ 0.1), sowie die Spitze-Spitze-Amplitude des Gesamtpotentials $N_1$-$P_2$ (p $<$ 0.05) progressiv reduziert.

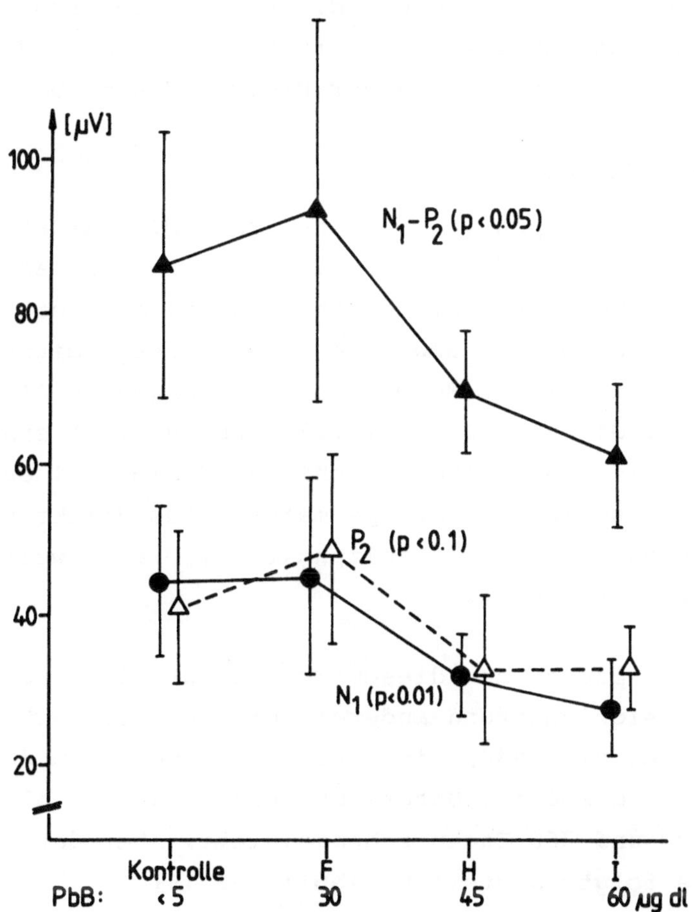



Abbildung 18: Darstellung des Amplitudenverlaufs ($\bar{x}$, Streuung) der VEP-Komponenten $N_1$ und $P_2$ sowie der Amplituden-Summe $N_1$-$P_2$ über den Belastungsgruppen F, H und I im Vergleich zur Kontrolle. Die p-Werte beruhen auf Varianzanalysen. Es handelt sich hier um die unipolare Ableitung III (s.Abb. 17)

<u>Experiment II (unveröffentlicht)*)</u>

Nach den vorgenannten Befunden (Experiment I) sind die
an der visuellen Reizverarbeitung beteiligten corticalen
Strukturen entsprechend dem Wirkungsmodell visuell evozierter Potentiale bei PbB-Werten ab etwa 40 µg/dl funktionell deutlich geschädigt. Ziel von Experiment II war
es, an diesem einfachen Modell die Frage nach Persistenz
oder Rückbildung phylogenetisch früh (d.h. prä- und neonatal) gesetzter zentralnervöser Bleischäden zu behandeln.


Material und Methoden

Es wurden drei Gruppen (n=10) männlicher WISTAR-Ratten
gemäß folgender Behandlung gebildet: Kontrollen, ausschließlich matern exponierte Tiere (PbH), wobei die Muttertiere
50 Tage vor dem Decken, sowie während Trächtigkeits- und
Laktationsphase bis zur Entwöhnung der Jungen im Alter
von 21 Tagen, die Bleidiät H (2.26 g Pb/kg Diät) erhalten hatten, die Jungen aber anschließend bleifrei aufgezogen wurden, sowie eine Gruppe matern plus direkt nach
der Entwöhnung bis zum Testzeitpunkt mit Diät H weiter-
exponierter Tiere (PbD).


Blutbleiwerte liegen aus diesem Experiment nicht vor,
jedoch läßt sich aufgrund anderer Versuche (z.B. TERHOEVEN,
1980; KRASS et al.,1980) die "interne" Exposition der
Gruppen PbH und PbD zum Untersuchungszeitraum im Alter
zwischen 320 und 360 Tagen schematisiert, aber datenge-
stützt, wie folgt darstellen (Abbildung 19).


Die unten schraffiert gezeichnete Fläche repräsentiert
den Bereich der Kontrollwerte < 5 µg/dl, mit altersabhängig
leicht ansteigender Tendenz. Tiere, die im Alter von 21

---

*) Über Teile dieser Untersuchung wurde auf dem "Second
   International Congress of Toxicology", vom 7.-11. Juli
   1980 in Brüssel berichtet (WINNEKE, 1980).

Tagen entwöhnt und anschließend bleifrei aufgezogen wurden
(Kurve 1), zeigen in weniger als 100 Tagen einen scharfen
PbB-Abfall in dem Bereich der Kontrollwerte (TERHOEVEN, 1980);
dies entspricht näherungsweise unserer Gruppe PbH. Tiere, die
noch 120 Tage nach der Entwöhnung die Blei-Diät H erhalten
haben, und denen erst dann das Blei entzogen wurde (Kurve 2),
erreichen - vermutlich aufgrund hoher Bleikonzentrationen
in den Skelettknochen - nicht ganz die Werte der Kontrollen
(KRASS et al., 1980). Nach der Entwöhnung mit 21 Tagen fort-
gesetzte Pb-Exposition (Kurve 3) läßt Blutbleiwerte zwischen
40 und 50 µg/dl erwarten (Gruppe PbD). Es ist bekannt, daß
die Bleikonzentration im Gehirn derjenigen im Blut folgt
(FOX et al., 1977); dies entspricht auch den Erfahrungen
unserer Arbeitsgruppe (s. Abb. 9).

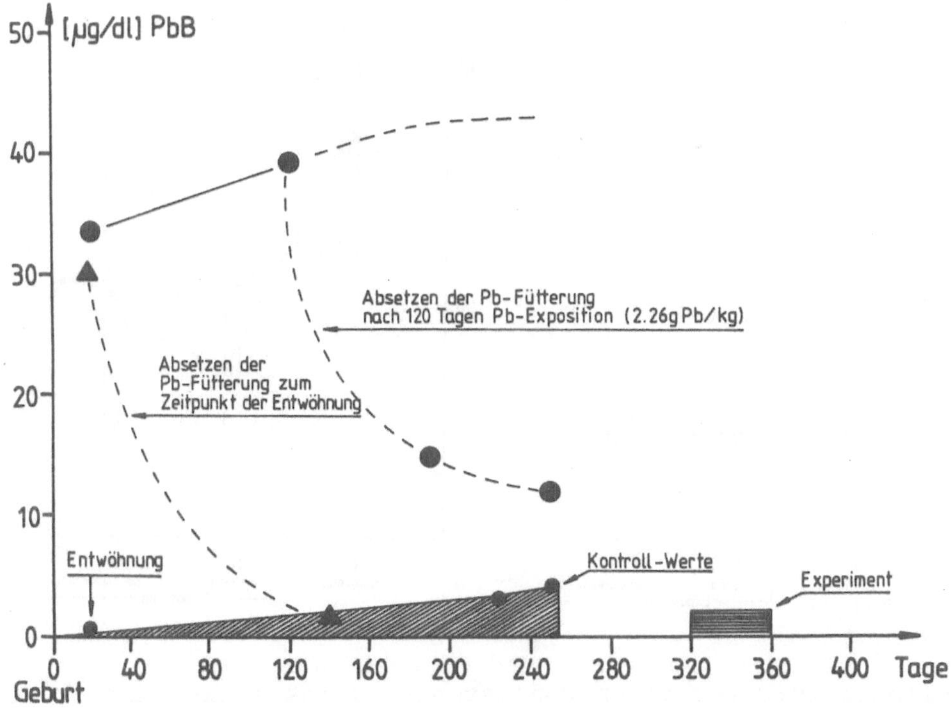


Abbildung 19:  Halbschematische Darstellung von Versuchsab-
               lauf und Blutbleiwerten unter den verschiedenen
               Bedingungen des Experimentes. Die Werte der Ab-
               klingkurven entstammen Untersuchungen von KRASS
               et al. (1980) bzw. TERHOEVEN (1980)

EEG-Ableitungen, VEP-Gewinnung und Bewertung der gemittel-
ten Potentiale erfolgte entsprechend dem in Experiment I
beschriebenen Vorgehen an 320 bis 360 Tage alten Tieren
im Schlafzustand.

## Ergebnisse

Das Verhalten der Spitzenlatenz und der Amplituden der
"späten" VEP-Komponente $N_1$ und $P_2$ zeigt Abbildung 20 in
seinen Teilen (a) Latenzen und (b) Amplituden.

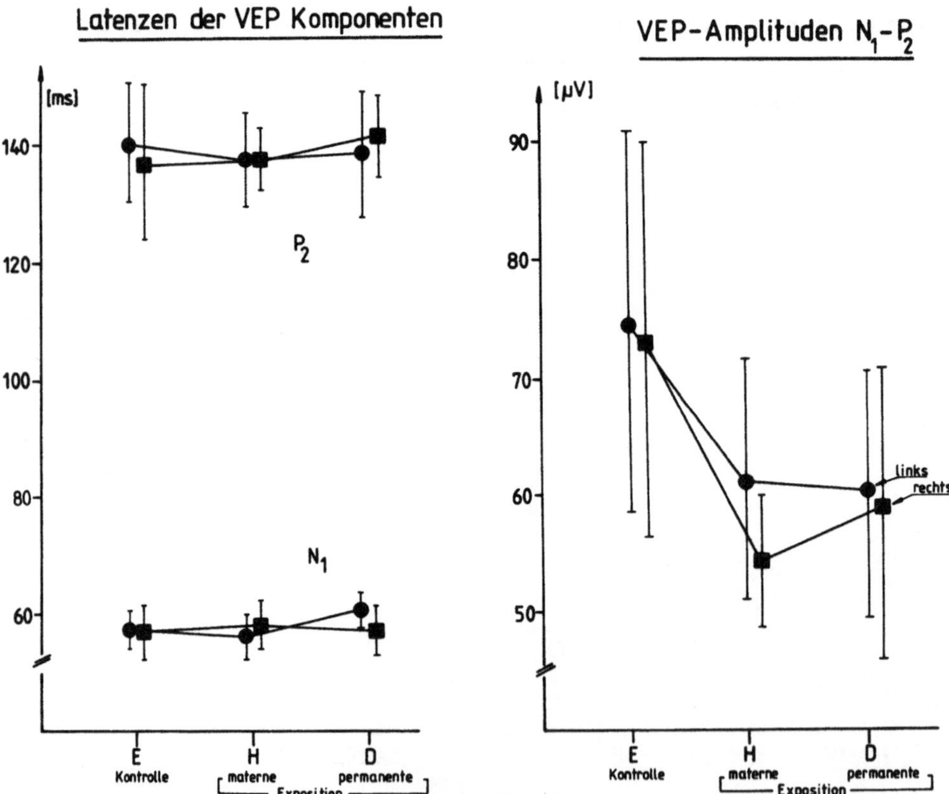


Abbildung 20:   Verhalten von Latenzen (links) bzw. Amplituden
(rechts) der VEP-Komponenten $N_1$ und $P_2$ in den
3 Bedingungsgruppen.

Die Latenzen lassen über die Gruppen hinweg keine Veränderungen erkennen (Abb. 20a); dies bestätigt die Befunde aus Experiment I. Demgegenüber sind die Amplituden (Spitze-Spitze) der Gruppen PbH und PbD deutlich gegenüber denen der Kontrollgruppe vermindert. Bei varianzanalytischer Prüfung erwiesen sich diese Gruppenunterschiede für die rechtsseitige Ableitung als signifikant ($p < 0.05$), für die linksseitige dagegen als lediglich "borderline" ($0.05 < p < 0.1$). Für die Gruppe PbD im Vergleich zur Kontrolle ist dies sowohl hinsichtlich der Absolutwerte als auch hinsichtlich der bleibedingten Veränderungen eine Bestätigung der Ergebnisse aus Experiment I (Gruppe H).

Die Amplituden-Mittelwerte der ausschließlich matern exponierten Tiere der Gruppe PbH sind im Hinblick auf die Fragestellung entscheidend: Sie weichen deutlich um 15-20 $\mu V$ von denen der unbehandelten Kontrollen ab, sind aber von denen der fortlaufend bis zum Untersuchungszeitraum direkt weiter exponierten Tiere nicht verschieden. Dieses Ergebnis spricht für langanhaltende bis irreversible corticale Bleiwirkungen bei ontogenetisch früher, während der Hirnreifung erfolgender Belastung.

Schlußfolgerungen

Im Gegensatz zu FOX et al. (1977), die bleibedingte VEP-Latenzzeitverlängerung am akut narkotisierten Präparat beobachteten, konnten wir an chronisch präparierten, nicht narkotisierten Ratten keine bleibedingten Latenzzeitveränderungen nachweisen, wohl aber klare Amplitudenabnahme der "späten" VEP-Komponenten $N_1$ und $P_2$ (Experiment I). Diese Effekte traten in dosisabhängiger Abstufung erst bei Blutbleiwerten von 40 $\mu g/dl$ und darüber auf, so daß die von uns bei PbB-Werten zwischen 16 und 30 $\mu g/dl$ nachgewiesenen bleibedingten Beeinträchtigungen des visuellen Unterschiedungslernens kaum mit Beeinträchtigungen der visuellen Reizverarbeitung erklärt werden können.

Da die "frühen" VEP-Komponenten bis 50 ms Funktionen
spezifischer, geniculo-corticaler Projektionsgebiete,
die "späteren" hingegen eher diejenigen unspezifischer
zentraler Schaltwege repräsentieren (ROSE and LINDSLEY,
1965), sprechen unsere Befunde für bleibedingte Störungen zentraler Reizverarbeitungsprozesse. Diese Störungen
sind im Rahmen des von uns abgedeckten Untersuchungszeit-
raumes irreversibel (Experiment II) und werden durch Bleieinwirkung während ontogenetisch früher Entwicklungsperioden hervorgerufen. Nach unserem Expositionsmodell ist
zwischen prä- und neonatalen Anteilen nicht zu differen-
zieren.

## 6.3.4  Vermeidungslernen

Da Störungen der visuellen Reizverarbeitung für die bleibedingten Leistungsbeeinträchtigungen im visuellen Unterscheidungslernen offensichtlich kaum entscheidend sind,
war zu prüfen, ob und in welchem Maße das Lernverhalten
in Lernmodellen ohne visuelle Komponente durch Bleieinwirkung beeinflußt wird. Zur Beantwortung dieser Frage
wählten wir das Modell des aktiven Vermeidungslernens
(WINNEKE et al., 1982).

### Material und Methoden

Nach dem erweiterten Pentschew-and-Garro-Modell wurden
weibliche WISTAR-Ratten 50 Tage vor dem Decken, sowie prä-
und postnatal in folgenden 4 Stufen über das feste Futter
Pb-exponiert (s.S. 125): 0 mg Pb/kg Futter (Kontrolle),
80 mg/kg (Diät D), 250 mg/kg (E) und 750 mg/kg (F). Im
Rahmen dieses Versuches wurden auch die Diäten stichproben-
mäßig kontrolliert. Die gemessenen Bleikonzentrationen
wichen nur unwesentlich von den Soll-Werten ab und betrugen
durchschnittlich 82 (D), 236 (E) und 749 mg Pb/kg Futter (F).

Vor Beginn der Verhaltenstests wurde bei einem Teil der
Tiere mittels Herzpunktion Blut zur Blutblei- und ALA-D-
Bestimmung gewonnen, die in der beschriebenen Weise im
AAS (s.S. 111) bzw. photometrisch (s.S. 118 ) erfolgte.

Bei je 16 zufällig ausgewählten Nachkommen (8 weiblich;
8 männlich) aus jeweils 5-6 Würfen pro Gruppe wurde im
Alter zwischen 70 und 100 Tagen unter Blindbedingungen
das aktive Vermeidungslernen in Zwei-Weg-Shuttleboxen
geprüft. Versuchssteuerung und Datenregistrierung erfolgten automatisiert mittels Mikrocomputer (AIM 65).
Die Versuchsanordnung und der Versuchsablauf lassen sich
folgendermaßen skizzieren: Die Shuttlebox (35 x 18 x 20 cm)
mit labil gelagerter Bodenplatte bestand aus zwei Hälf-
ten, die das Tier frei wählen konnte. Über die Gitter-
stäbe der Bodenplatte konnte dem Tier ein schwacher Elektroschock von 0.5 mA eines Schockgenerators (Campden In-
struments Ltd., London, U.K) als UCS verabreicht werden,
den es jedoch durch rechtzeitigen Ortswechsel in die andere Hälfte der Shuttlebox vermeiden konnte, wenn es ein
akustisches Warnsignal von 4 kHz als CS beachtete. Der
Ton (CS) ging dem Schock (UCS) um 5 Sekunden voraus; die
UCS-Dauer betrug maximal 15 Sekunden. Eine erfolgreiche
Vermeidungsreaktion (Ortswechsel) während der CS-Dauer
beendete den Ton und verhinderte den Elektroschock. Auf-
einanderfolgende CS-UCS-Kombinationen, Trials genannt,
waren durch ein Zeitintervall von 30 Sekunden Dauer voneinander getrennt. An zwei aufeinanderfolgenden Tagen ab-
solvierten die Tiere je 60 Trials. Nach 10 aufeinanderfolgenden, erfolgreichen Vermeidungsreaktionen (Lernkriterium)
wurde der Versuch beendet. Als Leistungsmaß diente die
Zahl der Trials bis zum Erreichen des Kriteriums.

## Ergebnisse

Durchschnittliche Wurfgrößen und Tiergewichte zum Testzeitpunkt zeigen keine Gruppenunterschiede (Tabelle 24).
Die belastungsabhängig abgestufte Aktivitätshemmung der
d-ALA-D entspricht qualitativ früheren Befunden an der
Ratte (Tabellen 22, 23), wenngleich der Mittelwert der
Kontrollgruppe mit 7.05 U/l (µMol ALS/min x l Erythrozyten) für die Ratte zu hoch erscheint; Gründe hierfür
sind nicht erkennbar. Der Hämatokrit läßt keine syste-
matischen Gruppenunterschiede erkennen. Die Blutbleiwerte sind gegenüber denen der Diskriminations-Lernver-
suche (Experiment I, II; Tabelle 22) leicht erhöht. Da
signifikante Geschlechtsunterschiede im aktiven Vermeidungslernen nicht nachweisbar waren, wurden die Ergebnisse
männlicher und weiblicher Tiere zusammengefaßt. Die Ergebnisse zeigt Abbildung 21. Mit zunehmender Bleibelastung
erreichen die Tiere das Lernkriterium zunehmend rascher
($F=2.86$; $p < 0.05$); dieser dosisabhängige Effekt ist wesentlich auf die Ergebnisse der höchstbelasteten Tiere zurückzuführen.

## Schlußfolgerungen

Überraschend hat sich gezeigt, daß Bleibelastung nicht not-
wendig mit Lernbeeinträchtigungen einhergehen muß, sondern
daß unter bestimmten Bedingungen - nämlich unter jenen des
aktiven Vermeidungslernens - sogar Lernleistungssteigerungen resultieren können. Dieser Sachverhalt unterstreicht
die Notwendigkeit, zwischen "Lernleistung" und "Lernfähigkeit" zu unterscheiden. Es ist festzustellen. daß die
Leistung in einer Lernaufgabe und ihre Beeinflussung durch
Blei vom Aufgabentypus abhängig ist. Dieses wichtige Ergebnis verlangt nach einer vergleichenden Betrachtung des
Anforderungsprofils der verschiedenen Lernmodelle als einer Voraussetzung zur Deutung der beobachteten Effekte.
Diese Analyse soll nach Darstellung der Bleiwirkung auf das
open-field-Verhalten im Rahmen der abschließenden Diskussion erfolgen.

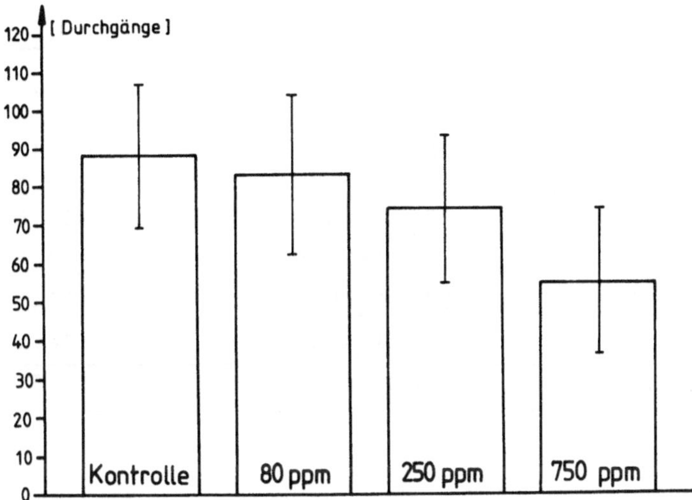


Abbildung 21:   Versuchsdurchgänge bis Erreichen des Kriteriums für die vier Versuchsgruppen
(WINNEKE et al.,1982)

## 6.3.5  Open-Field-Verhalten

Die einführende Literaturübersicht (s.S.105 ff) hat gezeigt, daß die vorliegenden Ergebnisse zur Wirkung von
Blei auf die Motoraktivität uneinheitlich sind, und daß
bleibedingte Hyperaktivität vorwiegend bei Expositionsbedingungen beobachtet wurde, die mit Gewichtsverlust
verbunden waren. Ziel unserer Versuche war es, am Modell
des open-field-Verhaltens zu prüfen, ob bleibedingte
Aktivitätssteigerung auch bei subtoxischen Belastungsstufen auftritt.

## Experiment I (WINNEKE et al.,1977)

Diese Daten wurden im Zusammenhang mit einem Experiment
zum visuellen Unterscheidungslernen erhoben, das auf Seite
114 ff bereits detailliert beschrieben wurde.

a)

| Gruppe (ppm) | Wurf-Größe ($\bar{x}$) | K ö r p e r g e w i c h t ( g ) | |
| --- | --- | --- | --- |
| | | männlich (n=8) | weibliche (n=8) |
| Kontrolle | 9.8 | 239.1±26.3 | 186.5±48.5 |
| 80 | 8.5 | 258.1±27.6 | 183.3±10.1 |
| 250 | 10.2 | 232.4±40.9 | 181.5±32.7 |
| 750 | 10.0 | 226.4±43.9 | 157.4±34.6 |
| Signifikanzniveau | | $p > 0.1$ | $p > 0.1$ |

b)

| Gruppe (ppm) | d -ALAD (U/l) | Signifikanz gg Kontrolle | Hämatokrit (%) | Signifikanz gg Kontrolle | PbB (µg/dl) |
| --- | --- | --- | --- | --- | --- |
| Kontrolle (n=10) | 7.05±1.3 | - | 44.8±1.8 | - | 2.4±0.1 |
| 80 (n=5) | 4.26±0.9 | $p < 0.01$ | 43.6±0.4 | $p > 0.1$ | 9.0±1.2 |
| 250 (n=5) | 1.92±0.4 | $p < 0.001$ | 48.0±1.4 | $p < 0.05$ | 26.5±4.1 |
| 750 (n=5) | 1.18±0.6 | $p < 0.001$ | 46.0±3.7 | $p > 0.1$ | 42.7±3.5 |

Tabelle 24: Körpergewichte der Tiere zum Testzeitpunkt (a)
sowie d-ALAD Werte, Hämatokrit und PbB (jeweils
$\bar{x}$±95% Konfidenz-Intervall) in den vier Versuchsgruppen (WINNEKE et al.,1982)


Material und Methoden

Die Expositionsbedingungen und die dabei erzielten Blutbleiwerte sollen hier nicht wiederholt werden. Der open-
field-Test wurde jeweils vor Beginn der Versuche zum Unterscheidungslernen unter "blind-Bedingung" durchgeführt. Als
Testapparatur wurde eine  aufgrund der Beschreibung von
BROADHURST (1960) geringfügig modifizierte open-field-An-
ordnung verwendet (Abbildung 22). Es handelt sich um eine
achteckige, innen weiß gestrichene Holzkonstruktion, auf

deren Bodenplatte konzentrische Kreise mit einem maximalen Durchmesser von 80 cm gezeichnet waren, deren
weitere radiale Unterteilung 18 Segmente entstehen ließ.

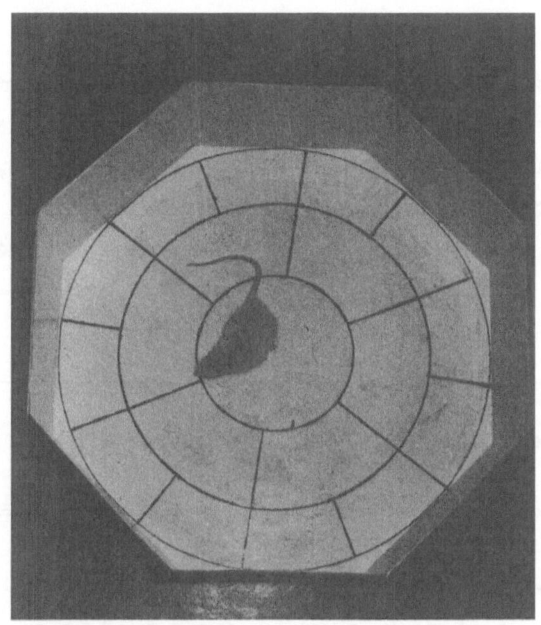

Abbildung 22:   Open-Field-Box nach BROADHURST (1960) von
                oben gesehen (aus: WINNEKE et al.,1977)


An fünf aufeinanderfolgenden Tagen wurden die Tiere einzeln in diese Anordnung gesetzt und ihr Verhalten über
jeweils 2 Minuten mit einer Videokamera aufgezeichnet.
Die Auswertung der Bänder erfolgte in Unkenntnis der
Gruppenzugehörigkeit der Tiere nach den Kategorien Ambulation (lokomotorische Aktivität), Aufrichten (vertikale
Aktivität), Putzen und Defäkation (Emotionalität). Als
Maßzahl diente jeweils die Häufigkeit des betreffenden
Verhaltens in der Zeiteinheit, im Falle der Ambulation
jedoch die Zahl der durchlaufenen, mit allen vier Pfoten
betretenen Segmente. Die Eindeutigkeit der Auswertungs-

kriterien (Auswertungsobjektivität) wurde im Falle der
Kategorien Ambulation, Aufrichten und Putzen durch Kor-
relationsvergleich zweier unabhängiger Auswerter mit Ko-
effizienten zwischen 0.91 und 0.94 empirisch bestätigt.

Ergebnisse

Da Wechselwirkungen zwischen den fünf aufeinanderfolgenden
Messungen und der Belastungsbedingung bei varianzanalytischer Prüfung statistisch nicht nachweisbar waren, zeigt
Tabelle 25 die Ergebnisse für die vier Kategorien des
open-field-Verhaltens als Mittelwerte über je fünf Meßtage.

| Verhaltenskategorie | Kontrollgruppe $\bar{x} \pm Sx$ | Bleigruppe $\bar{x} \pm Sx$ | F | P |
|---|---|---|---|---|
| Ambulation (Aktivi-tät) | 29.2 $\pm$ 5.9 | 37.9+10.7 | 7.63 | < 0.01 |
| Aufrichten | 5.8 $\pm$ 2.0 | 8.8+3.9 | 9.20 | < 0.01 |
| Putzen | 1.4 $\pm$ 0.9 | 2.1+1.2 | 5.74 | < 0.05 |
| Defäkation (Emotio-nalität) | 3.2 + 1.4 | 3.7+1.4 | 1.65 | > 0.10 |

Tabelle 25:  Ergebnisse für vier Kategorien des open-field-
Verhaltens (Mittelwerte über 5 Meßtage). F-
Werte und Signifikanzangaben basieren auf
Varianzanalysen (aus: WINNEKE et al., 1977)

Signifikant erhöhte Meßwerte der chronisch bleiexponierten
Tiere ergaben sich für die Kategorien Ambulation (lokomo-
torische Aktivität), Aufrichten (Vertikalaktivität) und
Putzverhalten, nicht jedoch für die Defäkationsrate, die
allgemein als Maß der Emotionalität in der open-field-
Situation gilt.

Für beide Aktivitätsmaße ergab sich ein hochsignifikanter
Abfall der Mittelwerte im Verlauf der fünf aufeinanderfolgenden Messungen, der in repräsentativer Weise am Beispiel der Ambulationswerte deutlich wird (Abbildung 23).

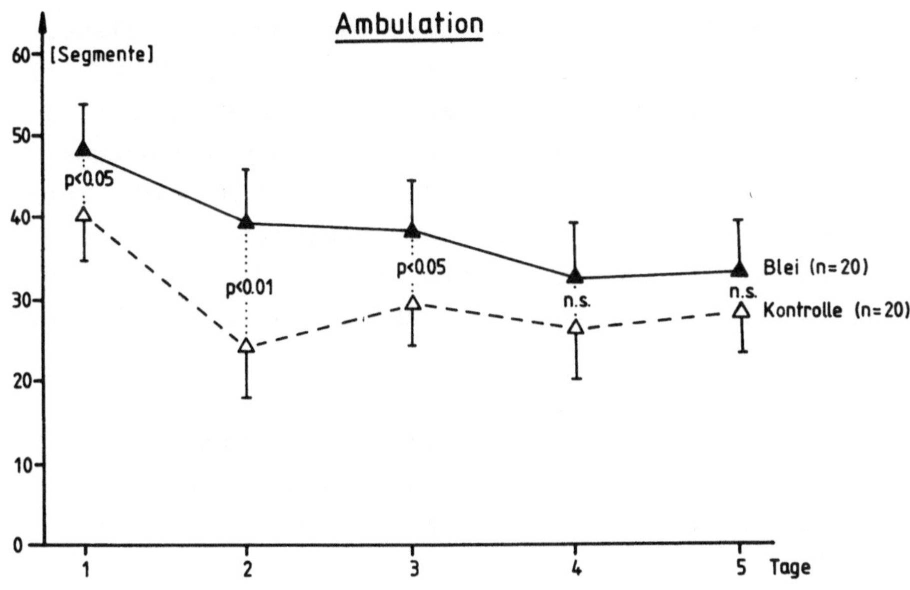


Abbildung 23:   Veränderung der Ambulationswerte (loko-
                motorische Aktivität) bei wiederholter
                Beobachtung der Tiere in der open-field-
                Situation (aus: WINNEKE et al., 1977)

Dieser Abfall wird meist als Gewöhnung an die neuartige
und durch Fehlen "schützender" Dunkelbereiche "streßhafte"
Versuchssituation gedeutet. Auffallend ist ferner, daß
signifikante Gruppenunterschiede nur für die ersten Meßtage nachweisbar sind, was hinsichtlich der Bleiwirkung
als initiale Steigerung der Reaktionsbereitschaft (Reaktivität) gedeutet werden kann (WINNEKE et al.,1977),
zumal die Vertikalaktivität einen ganz entsprechenden
Verlauf erkennen ließ.

Experiment II (SCHLIPKÖTER und WINNEKE, 1980)

Ziel dieses Versuches war es, die Befunde aus Experiment I um Dosis-Wirkungsaspekte zu ergänzen.

Material und Methoden

Einzelheiten zu Versuchsgruppen und Expositionsbedingungen wurden bei der Darstellung der Untersuchungen zum visuellen Unterscheidungslernen bereits mitgeteilt (s.S. 122 ff). Untersucht wurden drei Gruppen männlicher WISTAR-Ratten, die chronisch nach dem erweiterten Pentschew-and-Garro-Modell über das feste Futter  270 bzw. 750 mg Pb/kg Futter als Bleiacetat erhalten hatten. Indikatoren der "inneren" Exposition und der Störung der Häm-Biosynthese anhand der ALA-D-Hemmung sind aus Tabelle 23 (S.123 ) zu ersehen.

Die Durchführung des open-field-Testes erfolgte entsprechend den zu Experiment I gemachten Angaben jeweils vor Beginn der Untersuchungen zum Unterscheidungslernen.

Ergebnisse

Für Aufrichten und Putzverhalten waren bei varianzanalytischer Prüfung signifikante Gruppenunterschiede nicht nachzuweisen. Demgegenüber zeigten die Ambulationswerte der Kategorie "lokomotorische Aktivität" sowohl signifikante Niveau-Unterschiede ($p < 0.05$) als auch signifikante ($p < 0.01$) Verlaufsunterschiede im Sinne einer Wechselwirkung "Bedingung mal Tage" (Abbildung 24).

Aus der Abbildung wird deutlich, daß für die letzten beiden Beobachtungstage die Dosis-Wirkungsbeziehungen zunehmen.

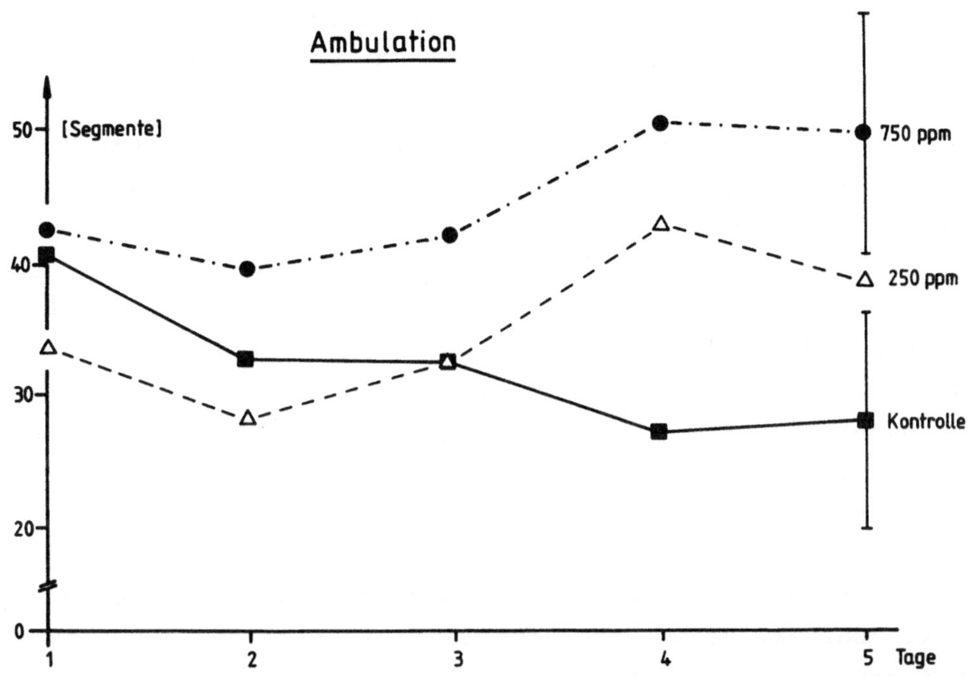


Abbildung 24:   Veränderung der Ambulationswerte bei
wiederholter Beobachtung im open-field-
Test für Experiment II (aus: SCHLIPKÖTER
und WINNEKE, 1980)

Schlußfolgerungen

Bei bleibelasteten Tieren mit Blutbleiwerten zwischen ca.
18 und 29 µg/dl (s.S.116 bzw. 123 ), die in ihrer Gewichts-
entwicklung nicht beeinträchtigt waren, war eine signifikant gesteigerte lokomotorische Aktivität anhand der Ambulationswerte im open-field-Test nachweisbar. Im Experiment II wurden zusätzlich Dosis-Wirkungsbeziehungen erkennbar.

Andere Kategorien des open-field-Verhaltens, wie Aufrichten oder Putzverhalten, waren nur im Experiment I im Sinne einer Frequenzsteigerung der Bleitiere gegenüber den
Kontrollen betroffen. Auch im Verlauf der Ambulationswerte bei wiederholten Messungen ergaben sich deutliche Unterschiede zwischen beiden Experimenten: Während im Ex-

periment I die Ambulationswerte der Bleitiere nur zu Beginn des Beobachtungszeitraumes erhöht waren, und im weiteren Verlauf eine Annäherung an die Kontrollwerte erkennen ließen, wurde eine gesteigerte Motoraktivität beider Bleigruppen im Experiment II erst an den beiden letzten Beobachtungstagen deutlich sichtbar.

In zwei weiteren, nach diesem Test- und Expositionsmodell durchgeführten Untersuchungen, wurde in einem Falle ebenfalls eine gesteigerte Motoraktivität der Bleitiere an der Signifikanzgrenze gesehen (GALUSKA und SANDMANN, 1980), während in einer anderen Untersuchung (TERHOEVEN, 1980) keine derartigen Belastungseffekte auftraten.

Zusammenfassend ist nach den in unserer Gruppe zu diesem Wirkungsaspekt erhobenen Befunden festzustellen, daß eine subtoxische Bleibelastung zwar global mit einer gesteigerten lokomotorischen Aktivität im open-field-Test verbunden ist, daß sich aber differenziertere Aussagen über Adaptationsverläufe aufgrund noch uneinheitlicher Befunde verbieten.

## 7. Gesamt-Diskussion

Nach Darstellung einiger epidemiologischer Untersuchungen
über den Zusammenhang von Bleibelastung im Kindesalter
und neuropsychologischen Auffälligkeiten, kommen LEHNERT
und SZADKOWSKI (1983), in Kenntnis der in unserer Gruppe
durchgeführten diesbezüglichen Arbeiten, zu folgendem
Schluß: "Wissenschaftlich eindeutige Hinweise für die
hier diskutierten Kausalzusammenhänge bestehen also offenbar nicht. Vielmehr erscheint die ... Auffassung plausibel, daß geistig retardierte Kinder eher zum oralen
Kontakt mit u.a. bleikontaminierten Gegenständen neigen.
Die bei ihnen gefundenen erhöhten Blutbleispiegel wären
damit nicht Ursache, sondern Wirkung der mentalen Retardierung" (S.88). Die Substanz dieser weitreichenden Schlußfolgerung soll nunmehr im Rahmen der in der vorliegenden
Arbeit dargestellten Ergebnisse und Interpretationen beleuchtet werden.

## 7.1 Kinderuntersuchungen

Kausalhypothesen gehören immer zu den Theorien eines
Systems, die niemals wirklich bewiesen werden können
(POPPER, 1934). Beobachtet werden stets nur Kovariationen
und zeitliche Abfolgen; demzufolge muß der Grundsatz, daß
Korrelation nicht mit Kausation gleichzusetzen ist, erneut
betont werden (s.S. 48). Andererseits lassen sich Kriterien angeben, mit deren Hilfe die Plausibilität von Ur-
sache-Wirkungs-Hypothesen abgeschätzt werden können (BRAD-
FORD-HILL, 1977). Es sind dies:

1. die vorliegenden Zeitverhältnisse, also die Forderung,
   daß die als Ursachen angenommenen Einflüsse den Wirkungen vorangehen müssen;

2. Stärke und Spezifität der beobachteten Zusammenhänge;

3. ihre Reproduzierbarkeit in verschiedenen Untersuchungen;

4. das Vorhandensein dosisproportionaler Wirkungsabstu-

fungen (Dosis-Wirkungsbeziehungen);

5. ihre Kohärenz im Gesamtbild sonstiger relevanter Wirkungsbezüge;

6. die biologische Plausibilität der Befunde.

Nicht alle diese Kriterien müssen erfüllt sein, um eine beobachtete Assoziation als Kausalzusammenhang deuten zu können, jedoch gilt, daß dies umso eher gelingt, je mehr dieser Kriterien erfüllt sind (DHSS, 1980). An diesen Kriterien gemessen, stellen sich die Ergebnisse unserer beiden Untersuchungen an Kindern der Städte Duisburg und Stolberg folgendermaßen dar:

Die vorliegenden Zeitverhältnisse sind, formal gesehen, mit der Kausalitätsvermutung kompatibel, da der Zahnbleigehalt die zurückliegende, langfristige Bleiaufnahme seit Kalzifikationsbeginn widerspiegelt und die Wirkungserhebung nach Ausfall der Zähne erfolgte. Dieses formale Argument reicht allein aber nicht aus, um auch den Einwand zu entkräften, die erhöhte Bleiaufnahme sei vielleicht eher Folge als Ursache der gefundenen neuropsychologischen Defizite. Tatsächlich ist die als Picaismus bezeichnete Tendenz, nicht Eßbares häufiger und länger als altersgemäß üblich, in den Mund zu nehmen, z.B. bei Kindern niedriger Intelligenz erhöht (BICKNELL, 1975; zit. nach RUTTER, 1983). Während in der Untersuchung von NEEDLEMAN et al. (1979) die Pica-Prävalenz der Belastungsgruppe in der Tat deutlich erhöht war, konnten wir einen solchen Zusammenhang aufgrund der Anamnese für unsere Gruppe nicht verifizieren (Tabelle 12), so daß dieser Einwand unsere Befunde nicht invalidieren kann.

Epidemiologisch ermittelte Zusammenhänge sind unter sonst gleichen Bedingungen umso eher als Kausalbeziehungen zu

deuten, je stärker und spezifischer sie sind. In unserem
Falle sind alle Effekte absolut und relativ schwach, und
darüberhinaus vielfältiger Natur, also eher unspezifisch:
Störungen der Gestalt-Erfassung (GFT-Fehlerzunahme), des
Reaktionsverhaltens (Fehlerzunahme im Wiener Determinationsgerät), eine statistisch nicht gesicherte Absenkung
des Verbal-IQ um 4.6 Punkte,sowie im Mütterurteil  Ablenkbarkeit, Unruhe und "Zerstreutheit", wurden beobachtet.
Auch nach der Literaturübersicht (s.Tabellen 5a-e) kann
nur von einem uncharakteristischen Spektrum schwacher
Effekte gesprochen werden, das für den Intelligenzbereich
ein Defizit von 3-5 IQ-Punkten ausmacht. Spricht dieser
Sachverhalt gegen die Kausalitätshypothese? Das ist nicht
der Fall! Vielmehr kann man, das Vorhandensein von Dosis-
Wirkungsbeziehungen unterstellt (s.u.), unter den von uns
untersuchten Belastungsbedingungen deutliche Wirkungsaus-
prägungen nicht erwarten. Auch steht ein eher unspezifisch
breites Wirkungsspektrum mit der allgemeineren neuropsychologischen Erfahrung im Einklang, daß diffuse Hirntraumen mit einem eher uncharakteristisch breiten Spektrum
kognitiver Funktionsstörungen assoziiert sind (RUTTER,
1981).

In diesem Zusammenhang ist es wichtig, die im einzelnen
beobachteten Effekte unserer beiden Studien im Lichte der
o.g. Kriterien differenziert zu betrachten: Die Beziehung
zwischen Bleibelastung im Kindesalter und Intelligenzmin-
derung ist, zumindest für sprachlich vermittelte Intelligenzleistungen (Verbal-IQ), im Sinne einer Korrelation
wohl bestätigt, als Kausation jedoch wenig plausibel. In
beiden Studien, in der Stolberg-Studie zumindest vor Störgrößenkorrektur (Tabelle 16), war in der jeweiligen Hoch-
Gruppe eine relativ deutliche Absenkung des Verbal-IQ um
5-7 Punkte erkennbar. Dieser Befund wurde qualitativ ähnlich auch in einigen neueren Untersuchungen erhoben (NEEDLE-
MAN et al.,1979; YULE et al.,1981). Gegen eine Kausaldeutung

sprechen aber folgende Argumente:

1. Nach Störgrößenkorrektur (Tabelle 16) war in der Stolberg-Studie dieser Effekt deutlich reduziert und weit oberhalb konventioneller Signifikanzschranken angesiedelt. Die noch verbleibende Differenz könnte mit nicht restfrei kontrollierten Faktoren des sozio-hereditären Umfeldes, z.B. der elterlichen Intelligenz (ERNHART et al.,1981), zusammenhängen.

2. Dosis-Wirkungsbeziehungen zwischen den Effekten beider Studien bestehen nicht: Ein PbZ-Quotient von nur 3.8 (9.2/2.4 µg/g) in der Duisburg-Studie war mit einer Minderung des Verbal-IQ von 5 Punkten, einer von immerhin 5.1 (15.7/3.1 µg/g) in der Stolberg-Studie, nach Störgrößenkorrektur jedoch mit einem IQ-Unterschied von nur 4.6 Punkten verbunden.

3. Der Befund ist mit allgemeinen neuropsychologischen Erfahrungen schwer vereinbar: Einmal ist es so, daß gerade die sprachlich gebundenen Intelligenzleistungen, als deren globales Maß der Verbal-IQ gelten kann, stark von Faktoren des sozialen Umfeldes abhängig sind, was mit unserem Ergebnis übereinstimmt (Tabelle 14). Zum anderen lehrt aber die klinische Erfahrung, daß z.B. chronischer Alkoholmißbrauch (WITTLING, 1983) oder andere Hirntraumen eher den Handlungs-IQ als den Verbal-IQ absenken (RUTTER, 1983). Auch das Argument, daß ontogenetisch früh erworbene Hirntraumen den Verbal-IQ erniedrigen (RUTTER, 1983), kann nicht überzeugen, da lateralisiert links- oder rechtsseitige, nicht progressive Hirnläsionen im ersten Lebensjahr Verbal- und Handlungs-IQ gleichermaßen anhaltend absenken, während nach dem 1. Lebensjahr nur noch bei linksseitigen Läsionen der Verbal-IQ irreversibel betroffen ist (WOODS, 1980). Die differentielle Beeinflussung des Verbal-IQ widerspricht also der klinischen Erfahrung und damit der Forderung nach Kohärenz.

Anders stellt sich die Argumentation für den mit dem
"Göttinger Formreproduktions-Test (GFT)" nachgewiesenen
Zusammenhang zwischen Bleibelastung im Kindesalter und
Beeinträchtigung visuomotorischer Integrationsleistungen
dar. Diese Korrelation läßt sich nach den angegebenen
Kriterien aus folgenden Gründen eher als Kausalbeziehung
deuten:

1. Auch nach Störgrößenkorrektur bleibt der Effekt in der
   Stolberg-Studie statistisch gesichert;

2. der Effekt ist in beiden Untersuchungen zwar schwach,
   aber signifikant nachweisbar, wodurch die Konsistenz-
   forderung für unsere Untersuchung als erfüllt gelten
   kann;

3. Dosis-Wirkungsbeziehungen gelten auch zwischen beiden
   Studien. Ein PbZ-Quotient von 3.8 in der Dusiburg-Studie
   war mit einer GFT-Fehlerdifferenz von 2.4 Punkten asso-
   ziiert. Die Regressionsgleichung alterkorrigierter GFT-
   Werte in der Stolberg-Studie lautete y=4.27x+3.03 (y=
   Fehler; x=Block PbZ) und ergibt für die angegebenen
   Werte ($y_1$-$y_2$=4.27 x log 3.83) erneut 2.5 Fehlerpunkte:

4. nach klinischen Validierungsstudien diskriminiert der
   Bender-Gestalt-Test zwischen Hirngesunden und Hirnge-
   schädigten, wobei die "Trefferquote" bei durchschnitt-
   lich 70-80% liegt (WITTLING, 1983). Nach den Angaben
   der Testautoren (SCHLANGE et al.,1972) trennt auch der
   Göttinger Formreproduktions-Test, die deutsche Variante
   des Bender-Tests, prägnant zwischen Hirngesunden und
   Personen mit Hirnschadensverdacht bzw. gesicherter
   Hirnschadensdiagnose (s.S. 56). Interpretationsprobleme
   ergeben sich allerdings aus der Tatsache, daß die
   Leistung in diesem Test "außer durch motivationale und
   Aufmerksamkeitsfaktoren vorwiegend durch die Fähigkeit
   des Individuums zur visuellen Diskrimination und visuo-
   motorischen Koordination bedingt wird." (WITTLING, 1983,
   S.280). Wegen des im Vergleich zu klinischen Bildern

geringgradigen Defizits  und des Fehlens entsprechender Befunde in funktionell ähnlichen Tests, war eine
Deutung im Sinne einer bleibedingten hirnorganischen
Funktionsstörung als wenig plausibel verworfen worden
(s.S.96). Stattdessen wurde vorgeschlagen, die Leistungsminderung im GFT mit erhöhten Fehlerquoten am Wiener
Determinationsgerät einerseits, und den Verhaltensauffälligkeiten im Sinne Ablenkbarkeit, Unruhe und Zerstreutheit nach dem Mütterurteil in Zusammenhang zu
bringen. In diesem Kontext wäre der GFT-Effekt am ehesten
als Flüchtigkeit in der Wahrnehmung auf der Basis von
Störungen der Aufmerksamkeitszuwendung zu interpretieren.
Dieser Deutung, so psychologisch plausibel sie auch sein
mag, fehlen allerdings noch weitergehende empirische
Stützpunkte. Auch ist nicht zu übersehen, daß die Kausalitätsdeutung der belastungskorrelierten Leistungsminderung im GFT auf Indizien innerhalb des epidemiologischen Ansatzes beruht, also noch nicht als ausreichend
fundiert gelten kann.

Der Indizienkette fehlen insbesondere externe Stützstellen
des unter Punkt 6 genannten Kriteriums der "biologischen
Plausibilität". Diese Lücke unserer Argumentation ist z.T.
durch Befunde aus den Tierversuchen zu schließen, die in
unserer Arbeitsgruppe durchgeführt wurden. Ergebnisse und
Interpretationen dieser Versuche sowie ihr Bezug zu den
neuropsychologischen Befunden an Kindern, sollen im folgenden Abschnitt diskutiert werden. Dabei sollen die Ergebnisse unserer verhaltenstoxikologischen Untersuchungen
im Hinblick auf interpretative Aspekte, sowie hinsichtlich
ihrer Relevanz für die Kinderuntersuchungen diskutiert
und mechanistische Fragen einschließlich des Problems der
Reversibilität, behandelt werden.

## 7.2  Tierversuche

<u>Interpretative Aspekte</u>: Nach den vorgelegten Befunden
sind Leistungen im visuellen Unterscheidungslernen nach
chronisch prä- und postnataler Bleiexposition schon bei
Blutbleiwerten unterhalb 20 µg/dl.betroffen. Unter diesen Expositionsbedingungen sind weder die Gewichtsent-
wicklung der Tiere, noch andere Indikatoren systemischer
Toxizität, wie z.B. Wurfgröße oder Wurfgewicht, beeinträchtigt. Die Aktivität des Enzyms d-ALAD erwies sich
zwar erwartungsgemäß als deutlich gehemmt, jeodch war
der Hämatokrit unbeeinflußt. Aus den angeführten Gründen
erscheint es berechtigt, die als deutlich verhaltensto-
xisch ausgewiesenen Expositionsbedingungen als im subtoxischen Bereich liegend zu qualifizieren, und die beobachteten Effekte ursächlich mit der Bleibelastung zu
verbinden.

Die Interpretation dieser Befunde ist jedoch weniger
direkt. Wir haben zunächst gesehen, daß der Nachweis von
Bleiwirkungen im Diskriminationslernen nur bei "schwierigen" Problemen gelingt, also bei solchen Mustern, deren
Unterscheidung erst im Laufe eines längeren Lernprozesses
erfolgt (Abb. 11, 12). Aus der Tatsache, daß bleibedingte
Beeinträchtigungen bei "leichten" Diskriminationsproble-
men nicht auftraten, folgt, daß die "Lernfähigkeit", d.
h. die Fähigkeit, Reiz-Reaktions-Verknüpfungen herstellen,
speichern und abrufen zu können, durch Blei nicht betroffen ist.

Grundsätzlich könnten Leistungsbeeinträchtigungen im visuellen Unterscheidungslernen auch durch Motivationsunterschiede oder durch Störungen im Prozeß der Reizregistrierung erklärt werden. Motivationsunterschiede sind als Er-
klärung wenig plausibel, da die Deprivations- und Beloh-
nungsbedingungen konstant gehalten wurden, und derartige
Einflüsse auch bei der Bearbeitung des Streifenmusters

hätten auftreten müssen.

Im Prozeß der Reizregistrierung sind Aspekte der visuellen
Reizverarbeitung von solchen der Aufmerksamkeitszentrierung zu unterscheiden. Nach dem Modell visuell evozierter
Potentiale (VEP) sind kortikale Prozesse der visuellen
Reizverarbeitung erst bei Blutbleiwerten ab etwa 40 µg/dl
irreversibel betroffen (Abb.18, 19). Dies schließt die
Möglichkeit bleibedingter Beeinträchtigungen der Sehschärfe
bei geringeren Belastungsstufen nicht aus, für deren Nachweis die VEP-Messung ungeeignet ist. Nach den Befunden von
BUSHNELL et al. (1977) an Rhesusaffen sind aber Beeinträchtigungen der Sehschärfe erst bei Blutbleiwerten oberhalb 80 µg/dl zu erwarten, und auch dann nur unter den Bedingungen des Dämmerungssehens.

Somit verbleibt als Erklärungsansatz eine Deutung im Rahmen von Aufmerksamkeitsprozessen. Unter Aufmerksamkeit
wird hier derjenige dynamische Aspekt der Wahrnehmungsor-
ganisation verstanden, durch den irrelevante Dimensionen
des Reizumfeldes zugunsten relevanter ausgeblendet werden
(Filtertheorie nach BROADBENT, 1958). Tatsächlich müssen
beim visuellen Unterscheidungslernen die lösungsrelevanten
von den lösungsirrelevanten Aspekten der Versuchssituation
abgetrennt und auf die verstärkte Reaktion konditioniert
werden. Im Falle der prägnant strukturierten Streifenmuster
(Richtungsunterscheidung) gelingt dies leichter als bei
den eher diffusen Kreismustern, die in unserer Darstellung
als Größenunterscheidung charakterisiert wurden, für die
schlecht sehende Albinoratte aber wohl eher als Sonderfall
einer Hell-Dunkel-Unterscheidung anzusprechen sind.

Die gegebene Deutung der Lernleistungsstörung als Aufmerk-
samkeitsstörung steht mit dem Verlauf individueller Lernkurven (Abb.15) und ihrer Interpretation im Einklang. Wir
hatten in diesen Kurven zwei Abschnitte unterschieden (s.S.

127): Eine initiale Latenzphase ohne Leistungszuwachs,
deren Länge zwischen den Tieren variierte, und eine
terminale "Lernphase", deren Steigung über die Tiere
hinweg weitgehend invariant war. ZEAMAN and HOUSE (1963,
1967) haben entsprechende Verläufe beim Diskriminationslernen geistig behinderter Kinder festgestellt. Im Simu-
lationsmodell haben sie zeigen können, daß die Dauer der
Latenzphase von Parametern der Aufmerksamkeitszentrierung,
nicht jedoch von solchen des Lerntempos abhängig ist, und
daraus den Schluß gezogen, daß die Latenzphase umso kürzer
ist, je effizienter ein Kind irrelevante Reizmerkmale zugunsten relevanter auszublenden vermag. Da ähnliche Verläufe und Interpretationen auch in Diskriminationslern-
versuchen bei Rhesusaffen als zutreffend gefunden wurden
(BLEHERT, 1966) erscheint es vertretbar, auch die Ergebnisse
unserer Rattenversuche in diesem Bezugsrahmen zu diskutieren.

Nach dieser Deutung gelingt es den bleiexponierten Tieren
in der komplexen Situation des Unterscheidungslernens der
Kreismuster nur schlecht, die lösungsrelevanten Reizmerkmale aus dem Hintergrund der Vielzahl konkurrierender,
aber irrelevanter Merkmale wahrnehmungsmäßig zu isolieren
und sie dann mit der positiv durch Futterbelohnung verstärkten motorischen Reaktion zu verknüpfen.

ZENICK et al. (1978; s.S. 104) haben ihre Ergebnisse im
visuellen Diskriminationslernen ebenfalls mit Aufmerksam-
keitsdefiziten in Zusammenhang gebracht, und sowohl SOBOTKA
et al. (1975) wie auch KRASS et al. (1980) beobachteten
perseverative Tendenzen bleibelasteter Ratten. Derartige
Befunde veranlaßten OVERMANN (1977) von "disinhibitorischen"
Bleiwirkungen zu sprechen. Mit dieser Deutung steht die von
uns in der Stress-Situation des open-field-Tests nachge-
wiesene Tendenz gesteigerter Motoraktivität im Einklang,
die unter dem Aspekt disinhibitorischer Bleiwirkungen als

Reaktivitätssteigerung zu deuten ist.

In diesem Interpretationszusammenhang werden auch die Ergebnisse im aktiven Vermeidungslernen verständlich (s.S. 138 ff). Vom Anforderungsprofil her ist dies eine Versuchsanordnung, die Tiere mit erhöhter Reaktionsbereitschaft begünstigt. Die dosisabhängige Leistungssteigerung in diesem Lernmodell steht somit nicht im Widerspruch zu den Ergebnissen des visuellen Unterscheidungslernens, sondern stützt diese: Eine bleibedingt erhöhte Reaktivität muß in der aufmerksamkeitsfordernden Situation des Unterscheidungslernens leistungshemmend, in der primär reaktionsfordernden Situation des aktiven Vermeidungslernens dagegen leistungsfördernd wirken (WINNEKE et al.,1982).

<u>Aspekte der Übertragbarkeit</u>: In diesem Zusammenhang gewinnt die Frage nach der Beziehung zwischen tierexperimentellen Befunden und ihrer Deutung einerseits und den neuropsychologischen Befunden an Kindern und ihrer Deutung andererseits, an Bedeutung. Diese Frage nach der Übertragbarkeit der verhaltenstoxikologischen Daten auf die Verhältnisse des Menschen kann sowohl unter qualitativen als auch unter quantitativen Aspekten gesehen werden.

Die qualitative Betrachtungsweise hat die Übereinstimmung der Wirkungsspektren im Blickpunkt. Hierbei ist darauf hinzuweisen, daß bleibedingte Einflüsse auf Lernleistungen bei Ratten offensichtlich vom Aufgabentyp abhängig waren, und von Lernleistungsstörungen bei "schwierigen" Unterscheidungsproblemen bis hin zu Lernleistungssteigerungen beim aktiven Vermeidungslernen, reichten. Wir hatten deshalb zwischen "Lernleistung" und "Lernfähigkeit" unterschieden und Bleieinflüsse nur für die Lernleistung, nicht jedoch für die Lernfähigkeit, festgestellt. In diesem Punkt besteht u.E. ein innerer Zusammenhang zu den Ergebnissen der Stolberg-Studie, in der

bleibedingte Intelligenzdefizite nicht nachgewiesen werden
konnten. Vielmehr erwiesen sich soziale Faktoren in diesem
Punkt als die wichtigsten Einflußfaktoren. Die Deutung
der bleibedingten Lernleistungsstörungen bei schwierigen
Unterscheidungsproblemen (Kreismuster) im Sinne bleibedingter Aufmerksamkeitsstörungen gemäß ZEAMAN and HOUSE
(1963; 1967), erscheint mit der entsprechenden Deutung
der Fehlerzunahme im GFT vereinbar, in dessen Testlei-
tung - wie bereits erwähnt (s. oben) - neben graphomoto-
rischen auch motivationale, aufmerksamkeitsbezogene und
diskriminative Leistungsaspekte eingehen.

Wenn man zusätzlich die Befunde von OVERMANN (1977) berücksichtigt, der an Ratten unter Bleieinwirkung Zeichen
disinhibitorischer, also enthemmender Wirkung, nachweisen konnte, und unsere Befunde Pb-abhängiger Aktivitätssteigerung hinzunimmt, dann wäre hiermit ein Zusammenhang zu der Fehlerzunahme im Wiener Determinationstest
herzustellen, die ebenfalls als "Enthemmung" im Reaktionsverhalten zu deuten ist. Dieser Brückenschlag von disinhibitorischen Bleiwirkungen bei Ratten zu belastungsabhängigen Störungen des Reaktionsverhaltens von Kindern,
enthält sicher spekulative Momente, deren Substanz erst
die weitere Forschung begründen kann. Immerhin ist erneut (s.S. 96/97) auf entsprechende Befunde an aufmerk-
samkeitsgestörten Kindern hinzuweisen (SYKES et al.,1973),
sowie auf die im Mütterurteil erkennbaren Hinweise auf
Ablenkbarkeit, Unruhe und Zerstreutheit erhöht Pb-belasteter Kinder (Tabelle 18).

Die Frage nach der Übertragbarkeit der Tierversuche auf
die Verhältnisse des kindlichen Organismus ist, vor allem
im Hinblick auf kritische Organkonzentrationen, auch in
quantitativer Hinsicht zu diskutieren. Es ist also zu
fragen, ob Indikatoren der "inneren" Bleiexposition beim
Tier, also etwa Blutbleispiegel, mit entsprechenden Werten

beim Kind vergleichbar sind, so daß verifizierte Wirkungen
auch quantitativ extrapoliert werden können.

<u>Für</u> die Möglichkeit einer direkten Extrapolation sprechen
folgende Argumente: (1) Die bleibedingte Hemmung der
ALAD-Aktivität als Frühindikator einer gestörten Hämbio-
synthese ist prozentual bei Kindern und Ratten von un-
gefähr gleicher Größenordnung. Bei Blutbleispiegeln von
17 bzw. 25 µg/dl hatten wir jeweils eine Aktivitätshemmung um 57% des Kontrollniveaus gemessen (Tabelle 22).
ROELS et al. (1976) fanden für den engen Zusammenhang
von ALAD und PbB bei Schulkindern (r=-0.87) die lineare
Beziehung log ALAD=1.864-0.015 PbB, bei allerdings im
Vergleich zur Ratte 10-fach höheren Absolutwerten. Bezogen auf die Werte der Kontrollkinder (PbB=8 µg/dl);
ALAD=55 µMol/min/l Ery) entspricht eine 57%ige ALAD-Hem-
mung ebenfalls einem PbB vom 24.5 µg/dl. Die in einer
früheren Arbeit (WINNEKE et al.,1982) formulierte Schät-
zung, wonach ein PbB der Ratte von 20 µg/dl näherungsweise einem kindlichen PbB von 40 µg/dl entsprechen würde,
ist wegen eines überhöhten Kontrollwertes (Tabelle 24)
zu korrigieren. Ob allerdings die Übertragbarkeit aufgrund
hämatopoetischer Wirkungen auch Rückschlüsse auf neu-
rotoxische Wirkungen zuläßt, muß vorerst offen bleiben.
(2) Auch bei dem Menschen näherstehenden Spezies, z.B.
Rhesusaffen, sind bei Blutbleiwerten zwischen 35 und 80
µg/dl verhaltenstoxische Wirkungen als Störungen des Umkehrlernens nachgewiesen worden (BUSHNELL and BOWMAN,
1979a; RICE and WILLES, 1979), die z.T. irreversibel
waren (BUSHNELL and BOWMAN, 1979b; s.S. 104/105). Neue
Untersuchungen unserer Gruppe (LILIENTHAL et al.,1983)
zeigen an Rhesusaffen prägnant belastungsabhängige Störungen der Lernset-Bildung gemäß HARLOW (1949), die schon
bei PbB-Werten zwischen 30 und 50 µg/dl statistisch gesichert waren.

<u>Gegen</u> die Möglichkeit einer direkt quantitativen Extrapolation sprechen folgende Argumente: (1) Für gleiche Blutbleiwerte ist bei der Ratte im Vergleich zum Menschen eine um Größenordnungen höhere Bleizufuhr erforderlich (s.S. 11/12), z.B. ca. 60 mg Pb/kg/Tag bei Blutbleiwerten zwischen 15 und 19 µg/dl (s.S. 109/110), gegenüber nur etwa 7 µg Pb/kg/Tag beim Erwachsenen (s.S. 11). Als Grund hierfür ist wohl in erster Linie die bei der ausgewachsenen Ratte im Vergleich zum Menschen deutlich kürzere Verweildauer von Blei im Blut anzusehen (MOMCILOVIC and KOSTIAL, 1974). Entsprechend muß man davon ausgehen, daß, gemäß der höheren Bleizufuhr, die Ratte bei gleichem PbB deutlich höhere Pb-Konzentrationen im Hartgewebe akkumuliert als der Mensch. Hierfür sprechen orientierende Messungen am Femur chronisch Pb-exponierter Ratten, die an unserem Institut durchgeführt wurden und die gegenüber dem Blutbleispiegel etwa um den Faktor $10^3$ erhöhte Pb-Konzentrationen im Knochen ergeben hatten (POTT und BROCKHAUS, unveröffentliche Daten). (2) Die Annahme, durch Messung des maternen Blutbleispiegels vor dem Verpaaren und nach der Entwöhnung, sowie desjenigen der Nachkommen zum Zeitpunkt der Entwöhnung und zum Testbeginn (s.S. 116), sei die Expositionsgeschichte ausreichend genau beschrieben, ist fraglich: Neuere Befunde an chronisch Blei-exponierten Ratten ergaben nämlich, daß der PbB während Trächtigkeit und Laktation nicht stationär ist (Mc CAULEY et al., 1982); vielmehr zeigte der PbB trächtiger Ratten, nicht jedoch derjenige nicht tragender Tiere, vom Tag 0 der Gestation bis zum Wurftermin einen exponentiell beschleunigten Anstieg, im vorliegenden Falle von 20 auf ca. 60 µg/dl, um anchließend während der Laktation allmählich wieder abzusinken. Dieser Befund, der auf gesteigerter Kalzium-Freisetzung aus den Knochen während der Schwangerschaft beruhen dürfte, ist für unsere Experimente kritisch, da nach Messungen der Motoraktivität gerade die pränatale Exposition für verhaltenstoxische Bleiwirkungen

bedeutsam scheint (CROFTON et al., 1980). Beide Argumente
zusammengenommen, begründen jedenfalls Zweifel an der Übertragbarkeit unserer tierexperimentellen Befunde in quantitativer Hinsicht, lassen aber die Möglichkeit der Extra-
polation im qualitativen Sinne unberührt.

<u>Mechanistische Aspekte</u>: Als mögliche Grundlagen verhaltens-
toxischer Bleiwirkungen lassen sich nach der Literatur vor
allem neuropathologische und neurochemische Befunde, sowie
Wirkungen auf die Synaptogenese heranziehen. Die zuerst
von PENTSCHEW and GARRO (1966) beschriebenen und später
mehrfach bestätigten (KRIGMAN and HOGAN, 1974; GOLDSTEIN
et al.,1974) neuropathologischen Veränderungen, wie ödematöse Schwellung, Hämorrhagien, Erweichungsherde und Proliferation der Stützzellen (s.S. 102) wurden bei hohen Dosie-
rungen beobachtet, die mit Paraplegie und hoher Mortalität der Tiere verbunden waren. Als Grundlage der bei chronischer Gabe niedriger Bleidosen verifizierten verhaltens-
toxischen Effekte kommen sie daher kaum in Betracht. Auch
die z.T. in Zusammenarbeit mit unserer Gruppe durchgeführten elektronenoptischen Untersuchungen am Cortex bleiexpo-
nierter Ratten (REYNERS et al., 1981; 1982), die u.a. differentielle Bleiwirkungen für verschiedene Gliazell-Popula-
tionen ergaben, und zwar eine Abnahme der Zelldichte für
Oligodendrozyten und eine Zunahme der Microglia, erbrach-
ten bei Blutbleiwerten unterhalb 30 µg/dl keine sicheren
Veränderungen. Ihr Erklärungswert für verhaltenstoxische
Bleiwirkungen ist somit bislang eher gering einzuschätzen.

Bei Blutbleiwerten um 36 µg/dl fanden McCAULEY et al. (1979)
an ausschließlich matern exponierten, 15 Tage alten Rattenjungen verringerte Komplexität und Dichte kortikaler Synapsen.
Diese Effekte waren jedoch trotz fortgesetzter Exposition
schon bei 20 Tage alten Tieren voll kompensiert (McCAULEY
et al., 1982), so daß hier nur von einer bleibedingten
Entwicklungsverzögerung gesprochen werden kann.

Neurochemische Untersuchungen zur Wirkung von Blei in vitro
und in vivo liegen in großer Zahl vor (Übersichten: HRDINA
et al.,1980; SILBERGELD, 1983). Funktion und Stoffwechsel
von Neurotransmittern waren Gegenstand dieser Untersuchungen. Die an Synapsen des peripheren Nervensystems durchgeführten Untersuchungen zeigen weitgehend übereinstimmen-
de Ergebnisse: Störungen der Impulsübertragung an Synapsen
(KOSTIAL and VOUK, 1957; SILBERGELD et al.,1974) auf der
Grundlage einer präsynaptischen Blockade des Kalzium-Ein-
stroms als Voraussetzung der Azetylcholin-Freisetzung nach
Stimulation wurden an verschiedenen in-vitro-Modellen beobachtet (MANALIS and COOPER, 1973; KOBER and COOPER, 1976).
Zugleich war in einigen dieser Untersuchungen (MANALIS and
COOPER, 1973) die Spontanfreisetzung von Azetylcholin, erkennbar an einer Zunahme postsynaptischer Miniatur-Endplat-
tenpotentiale (MEPPs) erhöht. An Synapsen des ZNS wurde
nach chronischer Pb-Exposition von Mäusen eine Depression
der Na-induzierten Cholin- und Azetylcholin-Freisetzung
in Synaptosomen-Fraktionen beobachtet (CARROLL et al.,
1977). Im Einklang hiermit fanden SHIH and HANIN (1977)
in vivo eine deutliche Verminderung des Azetylcholin-Um-
satzes im Cortex, Hippocampus, Mittelhirn und Striatum Pb-
exponierter Ratten. In beiden Fällen wurden jedoch hohe
Pb-Dosen verwendet, die mit Gewichtsverlust der Tiere verbunden waren. Die bei niedrigeren Dosen durchgeführten Untersuchungen über steady state-Konzentrationen oder Umsatz-
raten cholinerger und monaminerger Funktionen im ZNS sind
bislang zu uneinheitlich, als daß aus ihnen sichere Hinweise über Bleiwirkungen auf den Transmitter-Stoffwechsel
als Grundlage verhaltenstoxischer Effekte entnommen werden
könnten (EPA, 1977).

Zusammenfassend ist festzustellen, daß nach dem derzeitigen
Wissensstand zuverlässige Daten über Mechanismen der Neurotoxizität der chronisch-subtoxischen Bleibelastung auf neu-
ropathologischer oder neurochemischer Basis fehlen. Hier

erscheinen interdisziplinäre Forschungsansätze vordring-
lich.

## 7.3  Klinische Aspekte

Neuropsychologische Befunde an asymptomatisch Pb-exponierten Kindern werden häufig im Rahmen des Syndroms der
"minimalen cerebralen Dysfunktion" diskutiert (HRDINA,
1978; DAVID et al.,1972). Zur Stützung dieser Interpretation sind auch Tiermodelle herangezogen worden, in
denen gezeigt wurd , daß Blei-induzierte Hyperaktivität
durch d-Amphetamin oder Methylphenidat (Ritalin[R]) normalisiert werden (SILBERGELD and GOLDBERG, 1974; SOBOTKA
and COOK, 1975). Ähnlich "paradoxe" Reaktionen auf zen-
tral stimulierende Pharmaka werden teilweise therapeu-
tisch nutzbar gemacht, obwohl die Spezifität der "para-
doxen" Reaktion für MCD-Kinder unklar ist (NICHOLS and
CHEN, 1981).

Das Syndrom selbst taucht in der internationalen Literatur
unter mindestens 40 verschiedenen Bezeichnungen auf. Die
häufigsten sind (nach HRDINA, 1978): Minimal Brain Dysfunction (MBD), Attention Deficit Disorder, Hyperkinetic
Behavioral Syndrom, Organic Brain Dysfunction, Hyperkinetic Impulse Disorder, Learning Disorder, Minimal Cerebral
Palsy. Die Vielfalt der Bezeichnungen kennzeichnet die
Vielfalt der Symptome. Unter pädagogischen Aspekten impo-
niert die Lernstörung, unter psychiatrisch-psychologischem
Blickwinkel Impulsivität und Hyperkinese der Kinder, während neurologisch das Interesse mehr der zugrundeliegenden
"minimalen" Hirnfunktionsstörung gilt.

Abgesehen davon, daß der Krankheitswert des MCD-Syndroms
umstritten ist  (RUTTER, 1980), stellt sich angesichts
der Vielfalt der Symptome die Frage nach seiner Einheit-
lichkeit im Sinne einer diagnostischen Kategorie. Nach

der weiterhin akzeptierten Beschreibung von CLEMENTS
(1966, zit. nach NICHOLS and CHEN, 1981) bezieht sich die
Kennzeichnung MCD auf Kinder "etwa durchschnittlicher,
allgemeiner Intelligenz mit leichten bis schweren Lern-
und Verhaltensstörungen, die mit Funktionsstörungen des
ZNS assoziiiert sind. Diese Funktionsstörungen können viel-
fältig kombiniert als Störungen der Wahrnehmung, der Be-
griffsbildung, der Sprache, des Gedächtnisses, sowie der
Kontrolle von Aufmerksamkeit, Impulsivität und Motorik
zum Ausdruck kommen.(S.9-10)."

Im Einklang mit anderen Untersuchungen fanden NICHOLS
and CHEN (1981) durch Faktorenanalyse der Symptome von
fast 30.000 Kindern anstelle nur eines MCD-Faktors folgende 3 Hauptfaktoren: Lernstörungen, hyperkinetisch-im-
pulsives Verhalten und neurologische "Soft-Signs", d.h.
beispielsweise grenzwertige Reflexasymmetrien oder fein-
bzw. grobmotorische Störungen oder choreiforme bzw. anderweitig auffällige Bewegungen oder Sehstörungen (z.B.
Strabismus).

Die in unseren Untersuchungen an erhöht bleibelasteten
Kindern erhobenen und durch Tierversuche untermauerten
Befunde, lassen sich am ehesten der Dimension des hyper-
kinetisch-impulsiven Verhaltens zuordnen. Mit dieser Zuordnung soll lediglich eine inhaltliche Nähe zu einer
Verhaltensdimension des MCD-Syndroms herausgestellt,
nicht jedoch ein etwaiger Krankheitswert der beobachteten Effekte unterstellt werden. Vielmehr zeigt gerade
der Vergleich des Einflusses der Bleibelastung mit dem
des sozialen Umfeldes, daß alle als signifikant ausgewiesenen Bleiwirkungen der von uns untersuchten Kinder
als Funktionsstörungen ohne erkennbaren Krankheitswert
einzustufen sind.

## 7.4 Umwelthygienische Aspekte

Zu Beginn der Diskussion hatten wir mit LEHNERT und
SZADKOWSKI (1983) die zentrale Frage nach der Verursachungsrichtung gestellt. Aus den epidemiologischen Befunden allein ist diese Frage überzeugend nicht zu beantworten. Erst in Verbindung mit den Tierversuchen ergibt
sich der Plausibilitätsschluß, daß die Bleibelastung als
Ursache, nicht als Folge der neuropsychologischen Effekte
zu interpretieren ist.

Diese Festellung hat Konsequenzen für die Bewertung umweltbedingter Bleibelastung. Wenn nämlich unsere Kausa-
litätsannahme zutrifft, dann folgt daraus, daß die bei
durchschnittlich geringer Belastung beobachteten, durchschnittlich schwachen Wirkungen zentralnervöser Genese
mit steigenden Belastungswerten zunehmen, daß also, zumindest in Belastungsgebieten, der Sicherheitsabstand
für einen Teil hochbelasteter oder besonders sensitiver
Kinder gering ist. Alle Maßnahmen, die diesen Sicherheitsabstand vergrößern, sind aus präventivmedizinischer
Sicht sinnvoll, auch wenn ihr jeweiliger Einzelbeitrag
gering sein mag.

So gesehen ist die in der Novellierung der TA-Luft erstmals vorgesehene Festlegung eines Grenzwertes für Blei
im Staubniederschlag von 250 $\mu$g/m$^2$/Tag eine sinnvolle
Einzelmaßnahme, da Kinder das Blei aus dem Straßenstaub
über die normale Hand-zu-Mund-Aktivität inkorporieren
(ROELS et al., 1980; s.S. 9).

Auch die weitere Absenkung des Bleigehaltes im Benzin
auf Null wäre so gesehen eine sinnvolle Einzelmaßnahme,
sofern dies technisch ohne Substitution kanzerogener
Aromaten realisierbar ist. Schätzungen über den Beitrag
des Benzinbleigehaltes zum Blutbleigehalt variieren.

Während FACCHETTI (1979) aufgrund von Isotopenunter-
suchungen im Raum Turin den Beitrag auf mindestens 24%
schätzt, legen US-amerikanische Daten für die Allgemeinbevölkerung eher einen Wert um 50% nahe: Von 1976
bis 1980 sank nämlich der mittlere Blutbleispiegel der
US-Bevölkerung in hoher Korrelation zur Abnahme der
Bleiadditiv-Produktion (CDC, 1982) um ca. 35% von etwa
16 auf 10 µg/dl (ANNEST et al., 1982). Andere Gründe
als die Einführung bleifreien Benzins ließen sich nicht
finden (CDC, 1982). Demgegenüber fand SINN (1980), der
vor und nach Inkrafttreten der zweiten Stufe des Benzin-
Blei-Gesetzes Blutbleibestimmungen in Frankfurt orga-
nisierte, einen hochsignifikanten Abfall des mittleren
Blutbleispiegels um durchschnittlich ca. 10%, der zwar
nicht "minimal" (LEHNERT und SZADKOWSKI, 1983), wohl
aber geringer als in andern Studien ist. Die Kürze des
Beobachtungszeitraumes von nur 2 Jahren und erhebliche
Labordifferenzen schwächen jedoch den Beweiswert dieser
Studie, zumal anstelle des Risikokollektivs der Kinder
ausschließlich Erwachsene untersucht worden waren.

Umwelthygienische Aspekte der Bleiwirkung sind zwangs-
läufig auch umweltpolitische Aspekte. Dies festzustellen, kann nicht bedeuten, die Grenzen zwischen Wissenschaft und praktischem Handeln verwischen zu wollen.
Aufgabe wissenschaftlichen Tuns in diesem Zusammenhang
muß es sein, bestmöglich abgesicherte Erkenntnisse be-
reitzustellen und die daraus sich ergebenden Konsequenzen transparent zu machen, die es dann dem Entscheidungs-
träger ermöglichen, in Kenntnis der Folgen Entscheidun-
gen zu treffen oder zu unterlassen. Vielleicht hat die
vorliegende Arbeit neben ihrem grundwissenschaftlichen
Anliegen auch hierzu einen Beitrag leisten können.

## 8. Zusammenfassung

Die in der vorliegenden Arbeit zusammenfassend dargestellten Untersuchungen behandeln die Frage, ob eine geringgradige umweltbedingte Bleibelastung im Kindesalter, die chronisch asymptomatisch bleibt, mit Beeinträchtigungen der geistig-seelischen Entwicklung assoziiert ist, und ob der Bleibelastung dabei eine verursachende Rolle zukommt. Dieses komplexe Problem wird durch Kombination epidemiologischer Studien an unterschiedlich Blei-exponierten Kindern mit verhaltenstoxikologischen Experimenten an chronisch Pb-exponierten Ratten angegangen.

In den Städten Duisburg und Stolberg wurden neuropsychologische Untersuchungen an insgesamt 167 Schulkindern durchgeführt, deren zurückliegende, integrale Bleiresorption durch Messung des Bleigehaltes in spontan ausgefallenen Milchschneidezähnen gemessen worden war. In der Stolberger Studie wurde außerdem der Blutbleispiegel als Maß der momentanen oder kurzfristig zurückliegenden Bleibelastung aus Kapillarblutproben bestimmt. Alle analytischen Bestimmungen wurden mittels AAS durchgeführt.Vorgabe und Auswertung der psychologischen Tests erfolgten unter "Blind"-Bedingungen. In allen Fällen wurde durch Befragen der Mütter anamnestische und soziodemographische Zusatzinformation gewonnen.

Aus insgesamt 458 Schulkindern in Duisburg, die einen durchschnittlichen Zahnbleigehalt von 4.6µg/g Zahn (Bereich: 1.4 bis 12.7µg/g) aufwiesen, wurden Extremgruppen von je 26 Kindern ausgewählt (Durchschnittsalter 8.5 Jahre) und mittels paarweiser Zuordnung ("Matching") nach Alter, Geschlecht und väterlichem Berufsstatus vergleichbar gemacht. In Stolberg, einer durch Schwermetall-Immissionen einer großen Bleihütte belasteten Mittelstadt, wurden aus 317 Schulkindern (Durch-

schnittsalter 9.4 Jahre), die einen mittleren Zahnbleigehalt von 6.2 µg/g Zahn (Bereich: 1.9-38.5 µg/g) aufwiesen,
nach dem unteren, mittleren und oberen Drittel der Zahnblei-
verteilung 115 Kinder untersucht. Der mittlere Blutbleispiegel dieser Gruppe betrug 14.3 µg/100 ml Blut (Bereich: 6.8 bis
33.8 µg/100 ml); die lineare Korrelation zwischen Zahnbleigehalt und Blutbleispiegel war mit r = 0.47 statistisch gesichert (p < 0.001), aber nur von geringer Höhe.

In beiden Untersuchungen zusammengenommen wurden folgende
abhängige  Variablen erhoben: Der "Hamburg-Wechsler-Intelligenztest für Kinder (HAWIK)" zur Messung der Intelligenz,
der "Göttinger Formreproduktionstest (GFT)", das "Diagnosticum für Cerebralschädigung (DCS)" und der Benton-Test zur
Prüfung visuomotorischer Integrationsleistungen, der "Kör-
per-Koordinationstest für Kinder (KTK)" zur Prüfung der
grobmotorischen Entwicklung, das Wiener Determinationsgerät
zur Erfassung des Reaktionsverhaltens, der Durchstreichtest
DL-KE zur Prüfung der Wahrnehmungsgeschwindigkeit bei konzentrierter Tätigkeit, sowie ein Tapping-Test zur Prüfung
des maximalen Klopftempos. Außerdem beurteilten in Stolberg
Mütter und Lehrer das Arbeits- und Konzentrationsverhalten
mittels standardisierter Rating-Skalen. Die zufallskriti-
sche Datenanalyse erfolgte in der Duisburg-Studie durchweg
mit dem t-Test für korrelierende Stichproben, in der Stolberg-Studie mittels schrittweiser multipler Regressions-
Analysen nach Vorwegabzug des Einflusses von Störvariablen.

In der Duisburg-Studie wurde eine signifikante (p < 0.05)
Beeinträchtigung der GFT-Leistung, sowie eine grenzwertige
(p < 0.1)Minderung von Handlungs- und Gesamt-IQ der Kinder
mit erhöhtem Zahnbleigehalt festgestellt. In der Stolberg-
Studie wurde nach Störgrößenkorrektur ebenfalls eine signifikante (p < 0.05) Minderung der GFT-Leistung, eine grenzwertige (p < 0.1) Störung des Reaktionsverhaltens, sowie -

im Mütterurteil - Ablenkbarkeit, motorische Unruhe und Zerstreutheit der Kinder mit erhöhtem Zahnbleigehalt gefunden.
Eine Beeinträchtigung der Intelligenzleistung war nach Störgrößenkorrektur, insbesondere nach Berücksichtigung sozialer
Faktoren, nicht mehr signifikant nachweisbar.


Aus den Ergebnissen wird der Schluß gezogen, daß die in der
Literatur mehrfach berichtete, geringgradige Intelligenz-
minderung erhöht Pb-exponierter Kinder um 3-5 IQ-Punkte, die
auch wir bestätigen konnten, wahrscheinlich nicht bleibedingt
ist, sondern eher auf nicht restfrei zu kontrollierende Faktoren des sozialen Umfeldes zurückführbar sein dürfte. Demgegenüber ist die im GFT erkennbare Störung der Gestalt- und
Detailerfassung eher als bleibedingte Funktionsstörung aufzu-
fassen, da sie auch nach Störgrößenkorrektur signifikant erhalten blieb, ferner in zwei unabhängigen Untersuchungen auf-
trat, und außerdem Dosis-Wirkungsaspekte erkennen ließ; im
Zusammenhang mit der im Wiener Determinationsgerät erkennbaren, Pb-korrelierten Störung des Reaktionsverhaltens, und
den Hinweisen auf Ablenkbarkeit, Unruhe und Zerstreutheit erhöht Pb-belasteter Kinder, wurde sie als Flüchtigkeit der
Wahrnehmung auf der Basis gestörter Aufmerksamkeitszuwendung
gedeutet.

Da im epidemiologischen Ansatz die Verursachungsrichtung nie
sicher bestimmbar ist, wurden verhaltenstoxikologische Untersuchungen an Ratten durchgeführt, die nach dem erweiterten
PENTSCHEW & GARRO-Modell prä- und postnatal Pb-exponiert
wurden. Durch wiederholte Messung des Blutbleispiegels sowie
stichprobenmäßige Messung der Aktivität des Enzyms d-Amino-
lävulinsäure-Dehydratase in den Erythrozyten wurde die "innere"
Expositionsgeschichte der Tiere protokolliert. Die Blutbleiwerte lagen in verschiedenen Experimenten zwischen 16 und 30
µg/100 ml, und die Enzymaktivitäts-Hemmung zwischen 50 und
70%, bezogen auf Kontrollniveau. Unter diesen Bedingungen

waren Zeichen systemischer Toxizität nicht erkennbar.

Untersucht wurden in verschiedenen Experimenten das visuelle Unterscheidungslernen, das aktive Vermeidungslernen,
die open field-Aktivität, sowie visuell evozierte Potentiale.
Bei Blutbleiwerten zwischen 16 und 30 µg/100 ml waren bei
schwierigen Unterscheidungsproblemen (Größenunterscheidung)
mehrfach bleibedingte Lernleistungsstörungen signifikant
nachweisbar, nicht jedoch bei leichten Problemen (Richtungsunterscheidung). Im aktiven Vermeidungslernen war sogar eine dosis-abhängige Leistungssteigerung, im open field-
Test eine Pb-abhängige Steigerung der Motor-Aktivität zu
erkennen. Amplituden-Abnahme visuell evozierter Potentiale,
nicht jedoch Latenzveränderung, waren erst bei Blutbleiwerten ab etwa 40 µg/100 ml nachweisbar, so daß Pb-bedingte
Störungen der zentralen Reizverarbeitung für die Beeinträchtigungen im visuellen Unterscheidungslernen kaum verantwortlich zu machen sind.

Diese Ergebnisse belegen, daß eine chronisch-subtoxische
Bleibelastung in der aufmerksamkeits-fordernden, schwierigen Variante des Unterscheidungslernens hemmend, in der
primär reaktionsfordernden Situation des aktiven Vermeidungslernens dagegen fördernd wirkt. Zusammen mit den open
field-Befunden und nach vorliegenden Literatur-Daten
stützen sie die Vorstellung einer disinhibitorischen Bleiwirkung im Sinne einer Steigerung der Reaktivität.

Auf den Zusammenhang zwischen Tier- und Humanbefunden in
qualitativer Hinsicht wird ausführlich eingegangen, zugleich
aber begründet, warum eine Übertragung der Tierdaten auf
die Verhältnisse des Menschen in quantitativer Hinsicht
noch nicht möglich ist. Abschließend werden alle Ergebnisse unter mechanistischen, klinischen und umwelthygienischen
Aspekten diskutiert.

Literatur


ALBERT, R.E., SHORE, R.E., SAYERS, A.J., STREHLOW, C.,
    KNEIP, T.J., PASTERNAK, B.S., FRIEDHOFF, A.J., COVAN,
    F., and CIMINO, J.A.: Follow-up of children over-exposed
    to lead.- Environmental Health Perspectives 7 (1974),
    33-39

ALEXANDER, F.W., CLAYTON, B.F., and DELVES, H.T.: The uptake
    of lead and other contaminants. In: CEC = Commission of
    the European Communities (ed.): Environmental Health
    Aspects of Lead (1973), 319-330

ALTSHULER, L.F., HALAK, D.B., LANDING, B.J., and KEHOE, R.A:
    Deciduous teeth as an index of body burden of lead.-
    Journal of Pediatrics 60 (1962), 224-229

AMIN-ZAKI, L., EL-HASSANI, S., MAJEED, M.A., CLAKSON, T.W.,
    DOHERTY, R.A., and GREENWOOD, M.: Perinatal methylmercury
    poisoning in Iraq.- Ammerican Journal of Diseases of
    Children 130 (1976), 1070-1076

ANNEST, J.L., MAHAFFEY, K.R., COX, D.H., and ROBERTS, J.:
    Blood lead levels for persons 6 month - 74 years of age:
    United States, 1976-80.- Advance Data from Vital and Health
    Statistics, 79 (1982), 1-24

AURAND, K.: Blei und Umwelt. In: Kommission für Umweltgefahren
    des Bundesgesundheitsamtes (Hrsg.): Blei und Umwelt.-
    Berlin: Verein für Wasser-, Boden- und Lufthygiene e.V.
    (1972), 5-6

AURAND, K. und HOFFMEISTER, H. (Hrsg.): Ad hoc-Felduntersuchun-
    gen über die Schwermetallbelastung der Bevölkerung im Raum
    Oker im März 1980.- Berlin: Dietrich Reimer Verlag (1980)

BALOH, R., STURM, R., GREEN, B., and GLESER, G.: Neuropsycho-
    logical effects of chronic asymptomatic increased lead
    absorption.- Archives of Neurology 32 (1975), 326-330

BARLTROP, D.: Transfer of lead to the human foetus. In: BARLTROP,
    D. and BURLAND, W.L. (eds.): Mineral Metabolism in Pediat-
    rics.- Philadelphia: Davis Co. (1969), 135-151

BARRY, P.S.I.: A comparison of concentrations of lead in human
    tissues.- British Journal of Industrial Medicine 32 (1975),
    119-139

BARRY, P.S.I.: Distribution and storage of lead in human
    tissues. In: NRIAGU, J, (ed.): The Biogeochemistry of Lead
    in the Environment.- Amsterdam a.o.: Elsevier (1978), 97-
    150

BEATTIE, A.D., MOORE, M.R., GOLDBERG, A., FINLAYSON, M.J.W.,
     GRAHAM, J.F., MACKIE, E.M., MAIN, J.C., McLAREN, D.A.,
     MURDOCH, R.M., and STEWART, G.T.: Role of chronic low-
     level lead exposure in the aetiology of mental retarda-
     tion.- Lancet 1 (1975), 589-592

BENDER, L.: A visual-motor Gestalt-test and its clinical use.-
     American Journal of Orthopsychiatry no.3 (1938)

BENTON, A.L.: Der Benton-Test (Handbuch). Deutsche Bearbeitung
     von O. SPREEN.- Bern u.a.: Huber Verlag (1974)

BERLIN, A. and SCHALLER, K.H.: European standardized method
     for the determination of d-aminolevulinic acid dehydrat-
     ase activity in blood.- Zeitschrift für Klinische Chemie
     und Klinische Biochemie = Journal of Clinical Chemistry
     and Clinical Biochemistry 12 (1974), 389-390

BICKNELL, D.J.: Pica: A childhood syndrome. IRMMH-Monograph
     No. 3.- London: Butterworths (1975)

BLEHERT, S.: Pattern discriminations learning with Rhesus
     monkeys.- Psychological Reports 19 (1966), 311-324

BORNSCHEIN, R.L., MICHAELSON, I.A., FOX, D.A., and LOCH, R.:
     Evaluation of animal models used to study effects of
     lead on neurochemistry and behavior. In: SEE, S.D. (ed.):
     Symposium on Biochemical Effects of Environmental Pollut-
     ants.- Ann Arbor: Ann Arbor Science Publications (1977),
     441-444

BORNSCHEIN, R.L. PEARSON, D., and REITER, L.: Behavioral effects
     of moderate lead exposure in children and animal models.-
     CRC Critical Reviews in Toxicology 7 (1980), 43-152

BRADFORD-HILL, A.: A short textbook of medical statistics.-
     London: Hodder and Stoughton (1977)

BRADY, K., HERRERA, Y., and ZENICK, H.: Influence of parental
     lead exposure on subsequent learning ability of off-
     spring.- Pharmacology, Biochemistry and Behavior 3 (1975),
     561-565

BRICKENKAMP, R. (Hrsg.): Handbuch psychologischer und pädago-
     gischer Tests.- Göttingen u.a.: Hogrefe (1975)

BROADBENT, D.E.: Perception and Communication.- Oxford: Per-
     gamon (1958)

BROADHURST, P.L.: Application of biometrical genetics to the
     inheritance of behavior. In: EYSENCK, H.J. (ed.): Experi-
     ments in Personality, Vol.1.- London: Routledge and Kegan
     Paul (1960)

BROCKHAUS, A., JERMANN, E. und FREIER, I.: Bestimmung der
Blutbleikonzentration bei Schulkindern aus fünf unterschiedlich belasteten Wohngebieten der Bundesrepublik
Deutschland.- Arbeitstagung der Gesellschaft für Hygiene
und Mikrobiologie am 2./3. Oktober 1978 in Mainz (Vor-
trag)

BRONFENBRENNER, U.: Early deprivation in mammals: A cross-
species analysis. In: NEWTON, R. and LEVINE, S. (eds.):
Early Experience and Behavior.- Springfield: Thomas
(1968)

BROWN, S., DRAGANN, N., and VOGEL, W.H.: Effects of lead acetate
on learning and memory in rats.- Archives of Environmental
Health 22 (1971), 370-372

BULL, R.J., STANESZEK, P.M., O'NEILL, J.J., and LUTKENHOFF, S.
D.: Specificity of the effects of lead on brain energy
metabolism for substrates donating a cytoplasmatic re-
ducing equivalent.- Environmental Health Perspectives 12
(1975), 89-96

BUSHNELL, P.J., BOWMAN, R.E., ALLEN, J.R., and MARLAR, R.J.:
Scotopic vision deficits in young monkeys exposed to
lead.- Science 196 (1977), 333-335

BUSHNELL, P.J. and BOWMAN, R.E.: Reversal learning deficit in
young monkeys exposed to lead.- Pharmacolgy, Biochemistry
and Behavior 10 (1979 a), 733-742

BUSHNELL, P.J. and BOWMAN, R.E.: Persistence of impaired reversal learning in young monkeys exposed to low levels
of dietary lead.- Journal of Toxicology and Environmental
Health 5 (1979 b), 1015-1023

BYERS, R.K.: Lead poisoning. Review of the literature and a
report on 45 cases.- Pediatrics 23 (1959), 583-603

BYERS, R.K. and LORD, E.E.: Late effects of lead poisoning on
mental development.- American Journal of Diseases of
Children 66 (1943), 471-494

CALDWELL, B.M.: Instructions manual - HOME Inventory for
Infants.- Little Rock: University of Arkansas. Centre
for Early Development (1975)

CARROLL, P.T., SILBERGELD, E.K., and GOLDBERG, A.M.: Alterations
of central cholinergic function by lead exposure.- Bio-
chemical Pharmacology 26 (1977), 397-402

CARSON, T.L., VANGELDER, G.A., KARAS, G.C., and BUCK, W.B.:
Slowed learning in lambs prenatally exposed to lead.-
Archives of Environmental Health 29 (1974), 154-156

CASTELLANO, C. and OLIVERIO, A.: Early malnutrition and postnatal changes in brain and behavior in the mouse.-
Brain Research 101 (1976), 317-320

CDC=CENTERS FOR DISEASE CONTROL: Annual summary 1980: Reported
morbidity and mortality in the United States.- Center for
Disease  Control Morbidity and Mortality Weekly Report 29
(54), 1981

CDC=CENTERS FOR DISEASE CONTROL: Blood-lead levels in U.S. Population.- Center for Disease  Control Morbidity and Mortality Weekly Report 31 (10), 1982, 132-134

CEC=COMMISSION OF THE EUROPEAN COMMUNITIES: Richtlinie des Rates vom 29. März 1977 über die biologische Überwachung
der Bevölkerung auf Gefährdung durch Blei.- Amtsblatt der
Europäischen Gemeinschaften Nr.1, 105/10 vom 28.4.1977

CHAMBERLAIN, A.C., CLOUGH, W.S., HEARD, M.J., NEWTON, D.,
STOTH, A.N.B., and WELLS, A.C.: Uptake of lead by inha-
lation of motor exhaust.- Proceedings of the Royal Society
of London. Series B: Biological Sciences

CHISOLM, J.J.: Chronic lead intoxication in children.- Developmental Medicine and Child Neurology 7 (1965), 529-536

CHOW, T.J., EARL, J.L., and BENNETT, C.F.: Lead aerosols in
marine atmosphere.- Environmental Science and Technology
3 (1969), 737-740

CLEMENTS, S.D.: Minimal Brain Dysfunction in Children.- Washington, D.C.: U.S. Government Printing Office (1966)

CONNORS, C.K.: A teacher rating scale for use in drug studies
with children.- American Journal of Psychiatry 126 (1969),
884-888

CROFTON, K.M., TAYLOR, D.H., BULL, R.J., SIVULKA, D.J., and
LUTKENHOFF, S.D.: Developmental delays in exploration
and locomotor activity in male rats exposed to low level
lead.- Life Sciences 26 (1980), 823-831

DAVID, O.J., CLARK, J., and VOELLER, K.: Lead and hyperactivity.- Lancet 2 (1972), 900-903

DAVID, O.J., HOFFMAN, S., McCANN, B., SVERD, J., and CLARK, J.:
Low lead levels and mental retardation.- Lancet 2 (1976 a),
1376-1379

DAVID, O.J., HOFFMAN, S., SVERD, J., and CLARK, J.: Lead and
hyperactivity: Lead levels among hyperactive children.-
Journal of Abnormal Child Psychology 5 (1977), 405-416

DAVID, O.J., HOFFMAN, S., SVERD, J., CLARK, J., and VOELLER, K.: Lead and hyperactivity. Behavioral response to chelation (a pilot study).- American Journal of Psychiatry 133 (1976), 1155-1158

De la BURDÉ, B. and CHOATE, M.S.: Does asymptomatic lead exposure in children have latent sequelae?- Journal of Pediatrics 81 (1972), 1088-1091

De la BURDÉ, B. and CHOATE, M.S.: Early asymptomatic lead exposure and development at school age.- Journal of Psychiatry 87 (1975), 638-642

DHSS=DEPARTMENT OF HEALTH AND SOCIAL SECURITY (ed.): Lead and Health.- London: Her Majesty's Stationary Office (1980)

DRISCOLL, J.W. and STEGNER, S.E.: Behavioral effects of chronic lead ingestion on laboratory rats.- Pharmacology, Bochemistry and Behavior 4 (1976), 411-417

EINBRODT, H.J. und ROSMANITH, J.: Epidemiologische Untersuchungen zur Bleibelastung der Bevölkerung.- Blei und Umwelt II, BGA=Bundesgesundheitsamt-Bericht 1/78, 37-46

EINBRODT, H.J. ROSMANITH, J., PRIMAS, U. und THOMAS, F.: Der Blutbleispiegel bei Kindern in einem kontaminierten Industriegebiet.- Naturwissenschaften 61 (1975), 39-40

EINBRODT, H.J., SCHULTZE, E.G., SCHRÖDER, A. und ROSMANITH, J.: Die Mobilisation von Bleidepots im kindlichen Organismus durch Kuren im Reizklima.- Öffentliches Gesundheitswesen 38 (1976), 378-382

ENGLERT, N.: Messung der peripheren motorischen Nervenleitgeschwindigkeit an Erwachsenen und Kindern mit erhöhtem Blutbleispiegel. In: Kommission für Umweltgefahren des BGA (Hrsg.): Blei und Umwelt II. Beiträge zum Problem der Bleibelastung des Menschen.- Berlin: Dietrich Reimer Verlag (1978), 108-117

EPA=ENVIRONMENTAL PROTECTION AGENCY (ed.): Air Quality Criteria for Lead. EPA-600/8-77-017.- Washingten, D.C.: Government Printing Office (1977)

ERNHART, C.B., LANDA, B., and SCHELL, N.B.: Subclinical levels of lead and developmental deficit - a multivariate followup reassessment.- Journal of Pediatrics 67 (1981), 911-919

EWERS, U. und BROCKHAUS, A.: Der Zahnbleigehalt als Indikator der langfristigen und retrospektiven Bleibelastung. In: Gesellschaft zur Förderung der Lufthygiene und Silikoseforschung e.V. (Hrsg.): Jahresbericht 1976.- Essen: Giradet (1977), 110-123

EWERS, U., BROCKHAUS, A., GENTER, E., IDEL, H. und SCHÜRMANN, E.A.: Untersuchungen über den Zahnbleigehalt von Schulkindern aus zwei unterschiedlich belasteten Gebieten in Nordwestdeutschland.- International Archives of Occupational and Environmental Health 44 (1979), 65-80

EWERS, U., BROCKHAUS, A., WINNEKE, G., FREIER, I., JERMANN, E., and KRÄMER, U.: Lead in deciduous teeth of children living in a nonferrous smelter area and a rural area of the FRG.- International Archives of Occupational and Environmental Health 50 (1982), 139-151

FACCETTI, S.: Isotope study of lead in petrol. In: Proceedings of the International Conference "Heavy Metals in the Environment".- Edinburgh: CEP Consultants (1979), 95-102

FEENEY, D.M., LONGO, J.F., COSDEN, M.A., ZENICK, H., and PADICH, R.: Detection of the effects of lead exposure by visual evoked response latency.- Physiological Psychology 7 (1979), 143-145

FEJERMAN, N., GIMENEZ, E.R., VALLEJO, N.E., and MEDINA, C.S.: Lennox's syndrome and lead intoxication.- Journal of Pediatrics 52 (1973), 227-234

FELDMAN, R.G., HADDOW, J., and CHISOLM, J.J.: Chronic lead intoxication in urban children. Motor nerve conduction velocity studies. In: DESMEDT, J.E. (ed.): New Developments in Electromyography and Clinical Neurophysiology.- Basel: Karger (1973), 313-317

FODOR, G.G. and FISCHER, W.: A multichannel commutator for small laboratory animals.- Physiology and Behavior 20 (1978), 491-493

FODOR, G.G., WINNEKE, G., ZIMMERMANN, M. und ARNOLD, G.: Tierexperimentelle Untersuchungen über Schlafstörungen durch atmosphärische, chemische Noxen. In: JOVANOVIC, U. (Hrsg.): Die Natur des Schlafes.- Stuttgart: G. Fischer (1973), 216-218

FOX, D.A., LEWKOWSKI, J.P., and COOPER, G.P.: Acute and chronic effects of neonatal lead exposure on development of the visual evoked response in rats.- Toxicology and Applied Pharmacology 40 (1977), 449-461

GALE, N.H. und GALE-STOS, Z.: Blei und Silber in der ägäischen Kultur.- Spektrum der Wissenschaft 8 (1981), 92-105

GALUSKA, J. und SANDMANN, R.: Auswirkungen von Blei auf Verhalten, Gewichtsregulation und ALAD-Aktivität bei Ratten mit unterschiedlicher Expositionsdauer.- Medizinische Dissertation, Düsseldorf (1980)

GOLDSTEIN, G.W., ASBURY, A.K., and DIAMOND, I.: Pathogenesis
    of lead encephalopathy.- Archives of Neurology 31 (1974),
    382-389

GRANDJEAN, P., ARNVIG, E., and BECKMAN, J.: Psychological dys-
    functions in lead-exposed workers. Relation to biologi-
    cal parameters of exposure.- Scandinavian Journal of
    Work, Environment and Health 4 (1978), 295-303

GRANT, L.D., BREESE, G., HOWARD, J.L., KRIGMAN, M.R., and
    MUSHAK, P.: Neurobiology of lead intoxication in the
    developing rat.- Federation Proceedings 35 (1976), 503

GRAY, L.E. and REITER, L.W.: Lead-induced developmental and
    behavioral changes in the mouse.- Toxicology and Applied
    Pharmacology 41 (1977), 140-147

GREEN, M. and GRUENER, N.: Transfer of lead via placenta and
    milk.- Research Communications in Chemical Pathology and
    Pharmacology 8 (1974), 735-736

GREGORY, R.J.: Lead as a hazard to neuropsychological develop-
    ment. In: OSBORNE, D., GRUNEBERG, M., and EISER, J. (eds.):
    Research in Psychology and Medicine.- New York: Academic
    Press (1979), 296-304

GREGORY, R.J., LEHMAN, R.E., and MOHAN, P.J.: Intelligence
    test results for children with and without undue lead
    absorption. In: WEGNER, G. (ed.): Shoshone Lead Health
    Project.- Idaho Department of Health and Welfare (Divi-
    sion of Health, State House, Boise, Idaho 83720). 1976

GROPPE, H.: Experimentelle Untersuchung zur Subklassifikation
    des Verhaltensmerkmals "Hyperaktivität" als Verhaltens-
    auffälligkeit im Kindesalter.- Unveröffentlichte Diplom-
    arbeit, Düsseldorf (1976)

GROSS, S.B., PFITZER, E.A., YEAGER, D.W., and KEHOE, R.A.:
    Lead in human tissues.- Toxicology and Applied Pharmaco-
    logy 32 (1975), 638-651

HANSEN, J.C., CHRISTENSEN, L.B., and TARP, U.: Hair lead con-
    centration in children with minimal cerebral dysfunction.-
    Danish Medical Bulletin 27 (1980), 259-262

HARDESTY, F.P. und PRIESTER, H.J.: Hamburg-Wechsler-Intelli-
    genztest für Kinder (HAWIK).- Bern u.a.: Huber (1966)

HARLOW, H.F.: The formation of learning-sets.- Psychological
    Review 56 (1949), 51-65

HASTINGS, L., COOPER, F.P., BORNSCHEIN, R.L., and MICHAELSON,
    I.A.: Behavioral deficits in adult rats following neo-
    natal lead exposure.- Neurobehavioral Toxicology 1 (1979),
    227-233

HECKER, L., ALLEN, H.E., DINMAN, D.D., and NEEL, J.L.: Heavy
    metal levels in acculturated and unacculturated popu-
    lations.- Archives of Environmental Health 29 (1974),
    181-185

HENSCHLER, D.: Toxikologisch-arbeitsmedizinische Begründung
    des MAK-Wertes "Blei".- Weinheim: Verlag Chemie (1977)

HERNBERG, S. and NIKKANEN, J.: Enzyme inhibition by lead under
    normal urban conditions. Effect of lead on d-aminolaevu-
    linic acid dehydratase. A selective review.- Pracovni
    lekarstvi 24 (1972), 77-83

HETZER, H.: Entwicklungsreihe für das Schulalter (7.-13. Lj.).
    Als Manuskript gedruckt für den Hausgebrauch am Pädago-
    gischen Institut Weilburg/Lahn (1962)

HORIUCHI, K., HORIGUCHI, S., and SUEKANE, M.: Studies on the
    industrial lead poisoning. I. Absorption, transportation,
    deposition and excretion of lead.- Osaka City Medical
    Journal 5 (1959), 41-70

HRDINA, K.G.: Neuropsychologische Untersuchung an Kindern mit
    erhöhtem Zahnbleigehalt. Eine prospektive epidemiologische
    Untersuchung zur ätiologischen Bedeutung der chronischen,
    subklinischen Bleibelastung für das Entstehen eines früh-
    kindlichen exogenen Psychosyndroms.- Medizinische Disser-
    tation, Düsseldorf (1978)

HRDINA, K.G. und WINNEKE, G.: Neuropsychologische Untersuchungen
    an Kindern mit erhöhtem Zahnbleigehalt.- Arbeitstagung der
    Gesellschaft für Hygiene und Mikrobiologie am 2.-3.10.1978
    in Mainz. Vortrag.

HRDINA, P., HANIN, I., and DUBAS, T.C.: Neurochemical correlates
    of lead toxicity. In: SINGHAL, R. and THOMAS, J. (eds.):
    Lead Toxicity.- München a.o.: Urban & Schwarzenberg (1980),
    273-300

JANKE, W.: Psychophysiologische Grundlagen des Verhaltens. In:
    KEREKJARTO, M.V. (Hrsg.): Medizinische Psychologie.- Ber-
    lin u.a.: Springer (1976), 1-101

JOST, D. und SARTORIUS, R.: Auswirkungen der 2. Stufe des Ben-
    zin-Blei-Gesetzes.- Umwelt, 6 (1978), 434-439

KEHOE, R.A.: The metabolism of lead in man in health and
    disease. I. The normal matabolism of lead.- Royal Institute
    of Public Health and Hygiene Journal 24 (1969), 81-97

KEHOE, R.A.: Normal metabolism of lead.- Archives of Environ-
    mental Health 8 (1964), 232-235

KEMPF, T.: Bleigehalte im Wasser. In: Kommission für Umwelt-
fragen des Bundesgesundheitsamtes (Hrsg.): Blei und Umwelt.- Berlin: Verein für Wasser-, Boden- und Lufthygiene e.V. (1972), 31-32

KLEBELSBERG, D.: Wiener Determinationsgerät.- Diagnostica VI
(1960)

KLEBER, E.W. und KLEBER, G.: Differentieller Leistungstest-
KE.- Göttingen: Hogrefe (1974)

KOBER, T.E. and COOPER, G.P.: Lead competitively inhibits
calcium dependent synaptic transmission in the bullfrog
sympathetic ganglion.- Nature 262 (1976), 704-705

KOCH, E.R. und VAHRENHOLT, F.: Seveso ist überall. Die töd-
lichen Risiken der Chemie.- Köln: Kiepenheuer & Witsch
(1978)

KOSTIAL, K,, MAJLKOVIC, T., and JUGO, S.: Lead acetate toxi-
city in rats in relation to age and sex.- Archives of
Toxicology. Archiv für Toxikologie 31 (1974), 265-269

KOSTIAL, K. and VOUK, V.B.: Lead ions and synaptic transmission in the superior cervical ganglion of the cat.-
British Journal of Pharmacology 12 (1957), 219-222

KOTOK, D.: Development of children with elevated blood lead
levels: a controlled study.- Journal of Pediatrics 80
(1972), 57-61

KOTOK, D., KOTOK, R., and HERIOT, J.T.: Cognitive evaluation
of children with elevated blood lead levels.- American
Journal of Diseases of Children 131 (1977), 791-793

KRASS, B., WINNEKE, G. und KRÄMER, U.: Neuropsychologische
und systemische Wirkungen an bleiexponierten Ratten nach
viermonatigem, expositionsfreien Intervall.- Zentralblatt
für Bakteriologie, Mikrobiologie und Hygiene, 1. Abt.
Originale B: Umwelthygiene, Krankenhaushygiene, Arbeits-
hygiene. Präventive Medizin. 170 (1980), 353-367

KREHBIEL, D., DAVIS, G.A., LEROY, L.M., and BOWMAN, R.E.: Ab-
sence of hyperactivity in lead-exposed developing rats.-
Environmental Health Perspectives 18 (1976), 147-153

KRIGMAN, M.A. and HOGAN, E.L.: Effect of lead intoxication on
the postnatal growth of the nervous system.- Environmental Health Perspectives 7 (1974), 187-199

KUJANEK, G.: Psychologische Untersuchungen unterschiedlich
bleibelasteter Kinder. Auswirkungen auf kognitive und
motorische Leistungen.- Unveröffentlichte Diplom-Arbeit,
Düsseldorf (1981)

LANDRIGAN, P.J., BAKER, E.L., FELDMAN, R.G., COX, D.H., EDEN, K.V., ORENSTEIN, W.A., MATHER, J.A., YANKEL, A.J., and von LINDERN, I.A.: Increased lead absorption with anemia and slowed nerve conduction in children near a lead smelter.- Journal of Pediatrics 89 (1976), 904-910

LANDRIGAN, P.J., WHITHWORTH, R.H., BALOH, R.W., STAEHLING, M.W., BARTHEL,W.F., and ROSENBLUM, B.F.: Neuropsychological dysfunction in children with chronic lowlevel lead absorption.- Lançet 1 (1975), 708-712

LANDSDOWN, R.G., SHEPHERD, J., CLAYTON, B.E., DELVES, H.T., GRAHAM, P.J., and TURNER, W.C.: Blood lead levels, behaviour and intelligence: a population study.- Lancet 1 (1974), 538-541

LAVESKOG, A.: A method for determination of tetramethyl lead (TML) and tetraaethyl lead (TEL) in air. In: ENGLUND, H. M. and BEERY, W.T. (eds.): Proceedings of the 2nd International Clean Air Congress (1971), 549-557

LECHNER, H.: Psychologische Untersuchung an unterschiedlich bleibelasteten Kindern. Verhaltensbeurteilung durch Fremdbeobachtung in testpsychologischen, häuslichen und schulischen Situationen.- Unveröffentlichte Diplom-Arbeit, Düsseldorf (1982)

LEHNERT, G., STADELMANN, G., SCHALLER, K.H. und SZADKOWSKI, D.: Usuelle Bleibelastung durch Nahrungsmittel und Getränke.- Archiv für Hygiene 153 (1969), 403-412

LEHNERT, G. und SZADKOWSKI, D.: Blei-Studie für den Bund-Länder-Arbeitskreis "Umweltchemikalien". Teil II: Die Bleibelastung des Menschen.- Weinheim u.a.: Verlag Chemie (1983)

LILIENTHAL, H., WINNEKE, G., BROCKHAUS, A., MOLIK, B., and SCHLIPKÖTER, H.-W.: Learning-set formation in Rhesus monkeys pre- and postnatally exposed to lead. Proceedings of the International Conference "Heavy Metals in the Environment", September 1983 in Heidelberg.- Edinburgh: CEP Consultants (1983, in press)

LIN-FU, J.S.: Undue absorption of lead among children - A new look at on old problem.- New England Journal of Medicine 286 (1972)

MAGS = Ministerium für Arbeit. Gesundheit und Soziales des Landes NW (Hrsg.): Umweltprobleme im Raum Stolberg.- Düsseldorf (1975)

MAJEWSKI, F.: Alcohol embryopathy: Some facts and speculations
    about pathogenesis.- Neurobehavioral Toxicology and Tera-
    tology 3 (1981), 129-144

MANALIS, R.S. and COOPER, G.P.: Presynaptic and postsynaptic
    effects of lead at the frog neuromuscular junction.-
    Nature 243 (1973), 354-356

MANTERE, P. and HÄNNINEN, H.: Subclinical neurotoxic lead ef-
    fects: Two-year follow-up studies with psychological test
    methods.- Neurobehavioral Toxicology and Teratology 4
    (1982), 725-727

MARSH, D.O., MYERS, G.J., CLARKSON, T.W., AMIN-ZAKI, L., TIKRITI,
    S., and MAJEED, M.A.: Fetal methylmercury poisoning: cli-
    nical and toxicological data on 29 cases.- Annals of Neu-
    rology 7 (1980), 348-355

MATTHEß, G.: Bleigehalte in Gestein, Boden und Grundwasser. In:
    Kommission für Umweltgefahren des BGA (Hrsg.): Blei und
    Umwelt.- Berlin: Verein für Wasser-, Boden- und Lufthygiene
    e.V. (1972), 21-27


McCARTHY, D.: McCarthy Scales of Childrens's Abilities.- New
    York: Psychological Corp. (1972)

McCAULEY, P.T., BULL, R.J., and LUTKENHOFF, S.D.: Association
    of alterations in energy metabolism with lead-induced de-
    lays in rat cerebral cortical development.- Neuropharma-
    cology 18 (1979), 93-101

McCAULEY, P.T., BULL, R.J.; TONTI, A.P., LUTKENHOFF, S.D.,
    MEISTER, M.V., DOERGER, J.U., and STOBER, J.A.: The effect
    of prenatal and postnatal lead exposure on neonatal synap-
    togenesis in rat cerebral cortex.- Journal of Toxicology
    and Environmental Health 10 (1982), 639-651

McNEIL, J.L., PTASNIK, J.A., and CROFT, D.B.: Evaluation of
    long-term effects of elevated blood lead concentrations in
    asymptomatic children.- Arhiv za Higihenu Rada i Toksi-
    kologiju 14 (1975), 97-119

MELGAARD, B., CAUSEN, J., and RASTOGI, S.C.: Elektromyographic
    changes in automechanics with increased heavy metal levels.-
    Acta Neurologica Scandinavica 54 (1976), 227-240

MICHAELSON, I.A. and SAUERHOFF, M.W.: An improved model of lead-
    induced brain dysfunction in the suckling rat.- Toxicology
    and Applied Pharmacology 28 (1974), 88-96

MILAR, C.R., SCHROEDER, S.R., MUSHAK, P., DOLCOURT, J.L., and
    GRANT, L.D.: Contributions of the ceregiving environment
    to increased lead burden of children.- American Journal of
    Mental Deficiency 84 (1980), 339-344

MILAR, C.R., SCHROEDER, S.R., MUSHAK, P., and BOONE, L.:
    Failure to find hyperactivity in preschool children
    with moderately elevated lead burden.- Journal of Pe-
    diatric Psychology 6 (1981), 85-95

MITCHELL, C.L. (ed.): Nervous System Toxicology.- New York:
    Raven (1982)

MOESCHLIN, S.: Klinik und Therapie der Vergiftungen. 5. Aufl.-
    Stuttgart: Thieme (1972)

MOMCILOVIC, B. and KOSTIAL, K.: Kinetics of lead retention
    and distribution in suckling and adult rats.- Environ-
    mental Research 8 (1974), 214-220

MOORE, M.R., MEREDITH, P.A., and GOLDBERG, A.: A retrospective
    analysis of blood lead in mentally retarded children.-
    Lancet 1 (1977), 717-719

MÜLLER, J. and SCHMIDT, E.H.F.: Heavy metals in the infant diet.
    In: SCHMIDT, E.H.F. and HILDEBRANDT, A.G. (eds.): Health
    Evaluation of Heavy Metals in Infant Formula and Junior
    Food.- Berlin a.o.: Springer (1983), 1-19

MUROZUMI, M., CHOW, T.J., and PATTERSON, C.: Chemical concen-
    trations of pollutant lead aerosols, terrestrial dusts,
    and sea salts in Greenland and Antarctic snow strata.-
    Geochemica Acta 33 (1969), 1247-1294

NEEDLEMAN, H.L. (ed.): Low Level Lead Exposure. The Clinical
    Implications of Current Research.- New York: Raven (1980)

NEEDLEMAN, H.L., BELLINGER, D.; and LEVITON, A.: Does lead at
    low dose affect intelligence in children?- Journal of
    Pediatrics 68 (1981), 894-896

NEEDLEMAN, H.L., GUNNOE, C., LEVITON, A., REED, M., PERESIE,
    H., MAHER, C., and BARRETT, P.: Deficits in psychological
    and classroom performance of children with elevated den-
    tine lead levels.- New England Journal of Medicine 300
    (1979), 689-695

NICHOLS, P.L. and CHEN, T.C.: Minimal Brain Dysfunction. A
    Prospective Study.- Hillsdale: Erlbaum Ass. (1981)

OVERMANN, S.R.: Behavioral effects of asymptomatic lead ex-
    posure during neonatal development in rats.- Toxicology
    and Applied Pharmacology 41 (1977), 459-471

PENTSCHEW, A.: Intoxikationen. In: HENKE, F. et al. (Hrsg.):
    Handbuch der speziellen pathologischen Anatomie und
    Histologie. Bd. 13.- Berlin u.a.: Springer (1958), 1910-
    1914

PENTSCHEW, A. and GARRO, F.: Lead encephalomyelopathy of the
suckling rat and its implications on the porphyrinopathic
nervous diseases with special reference to the permeabili-
ty disorders of the nervous system's capillaries.- Acta
Neuropathologica 6 (1966), 266-278

PERINO, J., and ERNHART, C.B.: The relation of subclinical
lead level to cognitive and sensorimotor impairment in
black preschoolers.- Journal of Learning Disabilities
7 (1974), 26-30

PERLSTEIN, M.A. and ATTALA, R.: Neurologic sequelea of plumbism
in children.- Clinical Pediatrics 5 (1966), 292-298

PIHL, R.O. and PARKES, M.: Hair element content in learning
disabled children.- Science 198 (1977), 204-206

PINCHIN, M.J., NEWHAM, J., and THOMPSON, R.P.J.: Lead, copper,
and cadmium in teeth of normal and mentally retarded
children.- Clinica Chimica Acta 85 (1978), 89-94

PIOMELLI, S., CORASH, L., CORASH, M.B., SEAMAN, C., MUSHAK,
P., GLOVER, B., and PADGETT, R.: Blood lead concentrations
in a remote Himalayan population.- Science 210 (1980),
1135-1137

PIOMELLI, S., DAVIDOW, B., GUINEE, F., YOUNG, P., and GAY, G.:
The FEP (free erythrocyte protopophyrin) test: A screening micromethod for lead poisoning.- Journal of Pediatrics 51 (1973), 254-259

POPPER, K.: Logik der Forschung.- Wien: Springer (1934)

POTT, F. und EWERS, U.: Grenzwertvorschlag für Blei und Blei-
verbindungen (berechnet als Pb). In: Umweltbundesamt (Hrsg.):
Medizinische, biologische und ökologische Grundlagen zur
Bewertung schädlicher Luftverunreinigungen.- Berlin:
Kleindienst (1978), 274-284

POTT, F. und SCHLIPKÖTER, H.-W.: Die Bleibelastung des Menschen.
In: Gellschaft zur Förderung der Lufthygiene und Silikoseforschung (Hrsg.): Lufthygiene und Silikoseforschung. Jahresbericht 1975.- Essen: Giradet (1976), 31-58

PRIESTER, H.J. und KEREKJARTO, M.: Weitere Forschungsergebnisse
zum Hamburg-Wechsler-Intelligenztest für Erwachsene (HAWIE)
und Hamburg-Wechsler-Intelligenztest für Kinder (HAWIK).-
Diagnostica 6 (1960), 86-94

PRINZ, B., HOWER, J. und GONO, E.: Erhebungen über den Einfluß
der Bleiimmissionsbelastung auf den Blutbleispiegel und
die neurologische Entwicklung von Säuglingen im westlichen
Ruhrgebiet.- Staub - Reinhaltung der Luft 38 (1978), 87-94

PUESCHEL, S.M., KOPITO, L., and SCHWACHMAN, H.: Children with an increased lead burden: A screening and followup study.- Journal of the American Medical Association 222 (1972), 462-466

RABINOWITZ, M.B., WHETHERILL, G.W., and COPPLE, J.D.: Lead metabolism in the normal human: Stable isotope studies.- Science 182 (1974), 725-727

RAFALES, L.S., BORNSCHEIN, R.L., MICHAELSON, I.A., LOCH, R.K., and BARKER, G.F.: Drug induced activity in lead-exposed mice.- Pharmacology, Biochemistry and Behavior 10 (1979), 19-22

RATCLIFFE, J.M.: Developmental and behavioral functions in young children with elevated blood levels.- British Journal of Preventive and Social Medicine 31 (1977), 258-264

REITER, L.W., ANDERSON, G.E., ASH, M.E., and GRAY, L.E.: Loco-motor activity measurements in behavioral toxicology: Effects of lead administration on residential maze behavior. In: ZENICK, H. and REITER, L. (eds.): Behavioral Toxico-logy: An Emerging Discipline.- Washington D.C.: U.S. Government Printing Office (1978), Chapter 6

REYNERS, H., GIANFELICI de REYNERS, E., MAISIN, J.R., WINNEKE, G., and CSICSAKY, M.: Effects of different heavy metals (Cd, Tl, Zn and Pb) in the central nervous system: A morphological assay.- In: Proceedings of the Conference Heavy Metals in the Environment.- Publ. CEF Consultants Ldt., Edinburgh (1981), 495-497

REYNERS, H., GIANFELICI de REYNERS, E., MAISIN, J.R., WINNEKE, G., and CSICSAKY, M.: Effects of heavy metals (Cd, Tl, Zn and Pb) on glial cells.- Neurobehavioral Toxicology and Teratology 4 (1982), 651-654

RICE, D.C. and WILLES, R.F.: Neonatal low-level lead exposure in monkeys (Macaca Fascicularis) effect on two-choice non-statial form discrimination.- Journal of Environmental Pathology and Toxicology 2 (1979), 1195-1199

ROELS, H., BUCHET, J.-P., LAUWERYS, R., HUBERMONT, G., BRUAUX, P., CLAEYS-THOREAU, F., LAFONTAINE, A., and van OVERSCHELDE, I.: Impact of air pollution by lead on the heme biosynthetic pathway in school-age children.- Archives of Environmental Health 31 (1976), 310-316

ROELS, H.A., BUCHET, J.P., LAUWERYS, R., BRUAUX, P., CLAEYS-THOREAU, F., LAFONTAINE, A., and VERDUYN, G.: Exposure to lead by the oral and the pulmonary routes of children living in the vicinity of a primary lead smelter.- Environ-mental Research 22 (1980), 81-94

ROSE, G.H. and LINDSLEY, D.B.: Visually evoked electrocortical
responses in kittens: Developments of specific and non-
specific systems.- Science 148 (1965), 1244-1246

ROSENZWEIG, M.R. and BENNETT, E.L.: Effects of differential en-
vironments on brain weights and enzyme activities in ger-
bils, rats, and mice.- Developmental Psychobiology
(1969), 87-95

RUMMO, J.H.: Intellectual and Behavioural Effects of Lead Poisoning in Children.- University of North Carolina at
Chapel Hill, Ph.D., Thesis. (1974)

RUTTER, M.: Raised lead levels and impaired cognitive/behavioural
functioning: A review of the evidence.- Developmental Medicine and Child Neurology 22 (1980), Suppl. No. 42

RUTTER, M.: Psychological sequelae of brain damage in children.-
American Journal of Psychiatry 138 (1981), 1533-1544

RUTTER, M.: Low level lead exposure: sources, effects and implications. In: RUTTER, M. and RUSSEL-JONES, R. (eds.):
Lead versus Health.- Chichester a.o.: John Wiley (1983),
333-370

SACHS, H.K., KRALL, V., McCAUGHRAN, D.A., ROZENFELD, I.H., YONG-
SMITH, N., GROWE, G., LAZAR, B.S., NOVAR, L., O'CONELL,
L., and RAYSON, B.: IQ following treatment of lead poisoning
A patient-sibling comparison.-Journal of Pediatrics 93
(1978), 428-431

SAUERHOFF, M.W. and MICHAELSON, I.A.: Hyperactivity and brain
catecholamines in lead-exposed developing rats.- Science
182 (1973), 1022-1024

SCHEUCH, E.K.: Sozialprestige und soziale Schichtung. In: GLASS,
D.V. und KÖNIG, R. (Hrsg.): Soziale Schichtung und soziale
Mobilität.- Köln: Westdeutscher Verlag (1961), 65-103

SCHILLING, F. und KIPHARD, E.J.: Körperkoordinationstest für
Kinder, KTK.- Weinheim: Beltz (1974)

SCHLANGE, H., STEIN, B., BÖTTICHER, J. und TANELI, S.: Göttinger
Formreproduktionstest (G-F-T).- Göttingen: Hogrefe (1972)

SCHLIPKÖTER, H.-W. and WINNEKE, G.: Behavioral studies on the
effects of ingested lead on the developing CND of rats.
In: CEC = Commission of the European Communities (ed.):
Environment and Quality of Life.- Bruxelles, Luxembourg:
CEC (1980), 127-134

SCHRÖDER, H.A. and TIPTON, I.H.: The human body burden of lead.-
Archives of Environmental Health 17 (1968), 965-978

SCHUBERT, M.T. und BERLACH, G.: Neue Richtlinien zur Interpretation des HAWIK.- Zeitschrift für Klinische Psychologie udn Psychotherapie 4 (1982), 253-279

SEPPÄLÄINEN, A.M., HÄNNINEN, H., and HERNBERG, S.: Effect of lead on the peripheral and central nervous system. 2nd International Workshop on Occupational Lead Exposure.- Reelevation of permissible limits. Amsterdam (1976)

SEPPÄLÄINEN, A.M. and HERNBERG, S.: Sensitive technique for detecting subclinical lead neuropathy.- British Journal of Industrial Medicine 29 (1972), 443-449

SEPPÄLÄINEN, A.M. and HERNBERG, S.: A follow-up study of nerve conduction velocities in lead exposed workers.- Neurobehavioral Toxicology and Teratology 4 (1982), 721-723

SEPPÄLÄINEN, A.M., TOLA, S., HERNBERG, S., and KOCK, B.: Subclinical neuropathy at "safe" levels of lead exposure.- Archives of Environmental Health 30 (1975), 180-183

SHAPIRO, I.M., BURKE, A., MITCHELL, G., and BLOCH, P.: X-ray fluorescence analysis of lead in teeth of urban children in situ: Correlation between the tooth lead level and the concentration of blood lead and free erythroporphyrins.- Environmental Research 17 (1978), 46-52

SHIH, T.M. and HANIN, I.: Lead exposure decreases acetylcholine turnover rate in rat brain areas in vivo.- Federation Proceedings 36 (1977), 3733 A; 977

SILBERGELD, E.K.: Experimental studies of lead neurotoxicity: Implications for mechanisms, dose-response, and reversibility. In: RUTTER, M. and RUSSEL-JONES, R.: Lead versus Health.- Chichester a.o.: John Wiley (1983), 191-216

SILBERGELD, E.K., FALES, J.T., and GOLDBERG, A.M.: Lead: Evidence for a prejunctional effect on neuromuscular function.- Nature 247 (1974), 49-50

SILBERGELD, E.K. and GOLDBERG, A.M.: A lead-induced behavioral disorder.- Life Sciences 13 (1974), 1275-1238

SILBERGELD, E.K. and GOLDBERG, A.M.: Lead-induced behavioral dysfunction. An animal model of hyperactivity.- Experimental Neurology 42 (1974), 146-157

SILBERGELD, E.K. and GOLDBERG, A.M.: Pharmacological and neurochemical investigations of lead-induced hyperactivity.- Neuropharmacology 14 (1975), 431-444

SINN, W.: Über den Zusammenhang von Luftbleikonzentration und Bleigehalt des Blutes von Anwohnern und Berufstätigen im Kernbegiet einer Großstadt (Blutbleistudie Frankfurt). I. Versuchsanlage und Differenzprüfung.- International Archives of Occupational and Environmental Health 47 (1980), 93-118

SMITH, H.D.: Pediatric lead poisoning.- Archives of Environmental Health 8 (1964), 256-261

SMITH, H.D., BAEHNER, R.L., CARNEY, T., and MAJORS, W.J.: The sequelae of pica with and without lead poisoning. A comparison of the sequelae five or more years later. I. Clinical and laboratory investigations.- American Journal of Diseases of Children 105 (1963), 609-616

SNOWDON, C.T.: Learning deficits in lead-injected rats.- Pharmacology, Biochemistry and Behavior 1 (1973), 599-603

SOBOTKA, T.J. and COOK, M.P.: Postnatal lead acetate exposure in rats: Possible Relationship to minimal brain dysfunction.- American Journal of Mental Deficiency 79 (1974), 5-9

SOBOTKA, T.J., BRODIE, R.E., and COOK, M.P.: Psychophysiologic effects of early lead exposure.- Toxicology 5 (1975), 175-191

SONNEBORN, M.: Untersuchungen des Gehaltes an Blei und Cadmium im Haar von Kindern aus Nordenham/Weser und anderen Vergleichskollektiven. In: Kommission für Umweltgefahren des BGA (Hrsg.): Blei und Umwelt II. Beiträge zum Problem der Bleibelastung des Menschen.- Berlin: Dietrich Reimer Verlag (1978), 103-107

SPITZ, R.A.: Hospitalism: An inquiry into the genesis of psychiatric concitions in early childhood. In: FREUD, A. et al. (eds.): The Psychoanalytic Study of the Child. Vol.I.- New York: International University Press (1945), 53-74

SPITZ, R.A.: Hospitalism: A follow-up report on investigations described in Vol. I, 1945. In: FREUD, A. et al. (eds.): The Psychoamalytic Study of the Child. Vol.II.- New York: International University Press (1946), 113-117

SPREEN, O. and BENTON, A.L.: Comparative studies of some psychological tests for cerebral damage.- Journal of Nervous and Mental Disease 140 (1965), 323-333

STEENHOUT, A. and POURTOIS, M.: Lead accumulation in teeth as a function of age with different exposure.- British Journal of Industrial Medicine 38 (1981), 297-303

STEINGRÜBER, H.J.: Grundlagen psychischer Störungen. In: KEREKJARTO, M. (Hrsg.): Medizinische Psychologie.- Berlin u.a.: Springer (1976), 219-251

STOEPPLER, M., BRANDT, K., and RAINS, T.C.: Contributions to automated trace analysis. Part II: Rapid method for the automated determination in whole blood by electrothermal atomic absorption spectrophotometry.- Analyst 103 (1978), 714-722

SUTHERLAND, N.S. and McINTOSH, N.J.: Mechanisms of Animal
      Discrimination Learning.- London: Academic Press (1971)


SYKES, D.H., DOUGLAS, V.I., and MORGENSTERN, G.: Sustained
      attention in hyperactive children.- Journal of Child
      Psychology and Psychiatry and Allied Disciplines 14
      (1973), 213-220

TAPP, J.T.: Activity, reactivity, and the behavior directing
      properties of stimuli. In: TAPP, J.T. (ed.): Reinforce-
      ment and Behavior.- New York: Academic Press (1968),
      Chapter 4

TERHOEVEN, P.: Die subtoxische Bleibelastung der Albinoratte
      während verschiedener Phasen der Entwicklung und ihre
      Auswirkung auf das open field-Verhalten und die Diskri-
      minations-Lernleistung.- Medzinische Dissertation, Düs-
      seldorf (1980)

THOMAS, H.M. and BLACKFAN, K.D.: Recurrent meningitis due to
      lead, in a child of five years.- American Journal of
      Diseases of Children 8 (1914), 337-380

THRON, H.L., ENGLERT, N., KRAUSE, C., LASKUS, L., SONNEBORN,
      M. und WAGNER, H.M.: Bleibelastung von Bevölkerungs-
      gruppen. Epidemiologische Untersuchungen in der Nach-
      barschaft einer Bleihütte und in Kontrollgebieten.-
      Berlin: Dietrich Reimer Verlag (1978)

TILSON, H.A. and HARRY, G.J.: Behavioral principles for use in
      behavioral toxicology and pharmacology. In: MITCHELL, C.L.:
      Nervous System Toxicology.- New York: Raven (1982), 1-27

TSUBAKI, T. and IRUKAYAMA, K. (eds.): Minamata Disease.- Am-
      sterdam a.o.: Elsevier Publ. Co. (1977)

UBA = Umweltbundesamt: Umwelt- und Gesundheitskriterien für
      Cadmium.- Berlin: Erich Schmidt-Verlag (1979)

UBA = Umweltbundesamt: Umwelt- und Gesundheitskriterien für
      Quecksilber.- Berlin: Erich Schmidt-Verlag (1980)

VALCIUKAS, J.A., LILIS, R., EISINGER, J., BLUMBERG, W.E.,
      FISHBEIN, A., and SELIKOFF, I.J.: Behavioral indicators
      of lead neurotoxicity. Results of clinical field study.-
      International Archives of Occupational and Environmental
      Health 4 (1978), 217-236

VALENTIN, H., LEHNERT, G., PETRY, H., WEBER, G., WITTGENS, H.
      und WOITOWITZ, H.J.: Arbeitsmedizin, Bd. 2: Berufskrank-
      heiten.- Stuttgart: Thieme (1979)

VANGELDER, G., CARSON, T., SMITH, R., and BUCK, W.: Behavioral
    toxicologic assessment of neurologic effect of lead in
    sheep.- Journal of Toxicology. Clinical Toxicology 6
    (1973), 404-410

WEIDLICH, S.: DCS. Diagnosticum für Cerebralschädigung (Hand-
    buch).- Bern u.a.: Huber (1972)

WEISS, B. and LATIES, V.G. (eds.): Behavioral Toxicology.-
New York a.o.: Plenum Press (1972)

WHO=WORLD HEALTH ORGANIZATION: WHO/FAO: Evaluation of Certain
    Food Additives and the Contaminates Mercury, Lead and
    Cadmium.- 16th Report of the Joint FAO/WHO Expert Committee
    on Food Additives. FAO Nutrition Meetings Report Series 51
    (1972)

WHO=WORLD HEALTH ORGANIZATION: Environmental Health Criteria
    for Lead.- Geneve (1974)

WHO=WORLD HEALTH ORGANIZATION: Environmental Health Criteria 3.
    Lead.- Geneve (1977)

WINNEKE, G.: Modification of visual evoked potentials in rats
    after longterm blood lead-elevation.- Activitas Nervosa
    Superior 21 (1979), 282-284

WINNEKE, G.: Non-recovery of lead-induced changes of visual
    evoked responses in rats.- Vortrag, gehalten auf dem
    "2nd International Congress of Toxicology" vom 7.-11.7.
    1980 in Brüssel

WINNEKE, G.: Neuropsychologische Bleiwirkungen bei Kindern:
    Eine Übersicht. In: GÖBEL, et al. (Hrsg.): Umweltrisiko '80.
    Das Strahlenrisiko im Vergleich zu chemischen und biolo-
    gischen Risiken.- Stuttgart: Thieme (1981), 356-367

WINNEKE, G.: Neurobehavioral and neuropsychological effects of
    lead. In: RUTTER, M. and RUSSEL-JONES, R. (eds.): Lead
    versus Health.- Chichester a.o.: John Wiley (1983), 249-
    265

WINNEKE, G., BROCKHAUS, A., and BALTISSEN, R.: Neurobehavioral
    and systemic effect of long-term blood-lead elevation in
    rats. I. Discrimination learning and open-field behavior.-
    Archives of Toxicology. Archiv für Toxikologie 32 (1977),
    247-263

WINNEKE, G., BROCKHAUS, A., KRÄMER, U., EWERS, U., KUJANEK, G.,
    LECHNER, H., and JANKE, W.: Neuropsychological comparison
    of children with different tooth-lead-levels. In: Procee-
    dings of the Conference Heavy Metals in the Environment.-
    Publ. CEP Consultants Ldt., Edinburgh (1981), 553-556

WINNEKE, G., HRDINA, K.G., and BROCKHAUS, A.: Neuropsychological studies in children with elevated tooth-lead concentrations. I. Pilot Study.- International Archives of Occupational and Environmental Health 51 (1982 a), 169-183

WINNEKE, G., LILIENTHAL, H., and WERNER, W.: Task dependent neurobehavioral effects of lead in rats.- Archives of Toxicology. Archiv für Toxikologie. Supplement 5 (1982), 84-93

WINNEKE, G., KRÄMER, U., BROCKHAUS, A., EWERS, U., KUJANEK, G., LECHNER, H., and JANKE, W.: Neuropsychological studies in children with elevated tooth-lead concentrations. Part II: Extended study.- International Archives of Occupational and Environmental Health 51 (1983 a), 231-252

WINNEKE, G., LILIENTHAL, H., and ZIMMERMANN, U.: Neurobehavioral effects of lead and cadmium. In: HAYES, A.W. et al. (eds.): Developments in the Science and Practice of Toxicology.- Amsterdam a.o.: Elsevier (1983 b), 85-96

WITTLING, W.W.: Neuropsychologische Diagnostik. In: GROFFMANN, K.J. und MICHEL, L. (Hrsg.): Verhaltensdiagnostik.- Göttingen u.a.: Hogrefe (1983), 193-335

WOODS, B.T.: The restricted effects of right hemisphere lesions after age 1: Wechsler Test Data.- Neuropsychologica 18 (1980), 65-70

XINTARAS, C. and De GROOT, I.(eds.): Behavioral Toxicology.- Washington D.C.: U.S. Department of Health, Education and Welfare (1974)

YOUROUKOS, S., LYBERATOS, C., PHILIPPIDOU, A., GARDIKAS, C., and TSOMI, A.: Increased blood lead levels in mentally retarded children in Greece.- Archives of Environmental Health 26 (1978), 297-299

YULE, W., LANSDOWN, R., MILLAR, I.B., and URBANOWICZ, M.A.: The relationship between blood lead-concentrations, intelligence and attainment in a school population: A pilot study.- Developmental Medicine and Child Neurology 23 (1981), 567-576

ZEAMAN, D. and HOUSE, B.J.: The role of attention in retardate discrimination learning. In: ELLIS, N.R. (ed.): Handbook of Mental Deficiency.- New York: McGraw-Hill (1963), 159-223

ZEAMAN, D. and HOUSE, B.J.: The realtion of IQ and learning. In: GAGNE, R.M. (ed.): Learning and Induvidual Differences.- Columbus: Merrill (1967), 192-212

ZENICK, H., PADICH, R., TOKAREK, T., and ARAGON, P.: Influence
     of prenatal and postnatal lead exposure on discrimination
     learning in rats.- Pharmacology, Biochemistry and Behavior
     8 (1978), 347-350

ZIEGLER, E.E., EDWARDS, B.B., JENSEN, R.L., MAHAFFEY, K.R., and
     FOMON, S.J.: Absorption and retention of lead by infants.-
     Pediatric Research 12 (1978), 29-34

ZIELHUIS, R.L.: Dose-response relationships for inorganic lead.
     I. Biochemical and haematological responses.- Internatio-
     nal Archives of Occupational and Environmental Health 35
     (1975), 1-18